Indicadores de Sustentabilidade

Hans Michael van Bellen

Indicadores de Sustentabilidade

2ª Edição

Uma Análise Comparativa

ISBN 85-225-0506-3

Copyright © 2006 Hans Michael van Bellen

Direitos desta edição reservados à
EDITORA FGV
Rua Jornalista Orlando Dantas, 37
22231-010 — Rio de Janeiro, RJ — Brasil
Tels.: 0800-021-7777 — 21-3799-4427
Fax: 21-3799-4430
e-mail: editora@fgv.br — pedidoseditora@fgv.br
web site: www.fgv.br/editora

Impresso no Brasil / Printed in Brazil

Todos os direitos reservados. A reprodução não autorizada desta publicação, no todo ou em parte, constitui violação do copyright (Lei nº 9.610/98).

Os conceitos emitidos neste livro são de inteira responsabilidade do autor.

1ª edição – 2005; 2ª edição – 2006; 1ª reimpressão – 2007; 2ª reimpressão – 2008; 3ª reimpressão – 2009; 4ª reimpressão – 2010; 5ª reimpressão – 2011; 6ª reimpressão – 2012; 7ª reimpressão – 2013; 8ª reimpressão – 2014; 9ª reimpressão – 2015; 10ª reimpressão – 2018; 11ª reimpressão – 2022.

Revisão de originais: Mariflor Rocha

Revisão: Fatima Caroni e Mauro Pinto de Faria

Capa: Leonardo Carvalho

Ficha catalográfica elaborada pela Biblioteca
Mario Henrique Simonsen/FGV

Bellen, Hans Michael van.
    Indicadores de sustentabilidade : uma análise comparativa / Hans Michael van Bellen. — 2. ed. — Rio de Janeiro : Editora FGV, 2006.
    256p.
    Inclui bibliografia.

    1. Desenvolvimento sustentável — Indicadores. 2. Indicadores ambientais. 3. Meio ambiente. I. Fundação Getulio Vargas. II. Título.

CDD – 363.7

There is no wealth but life.

John Ruskin

Sumário

Lista de abreviaturas   9

Agradecimentos   11

Introdução   13

Capítulo 1
Crise ecológica: reflexões sobre a relação sociedade e meio ambiente   17

Capítulo 2
A tomada de consciência: dos limites do crescimento até o conceito de desenvolvimento sustentável   21

Capítulo 3
Desenvolvimento sustentável: diferentes abordagens conceituais e práticas   23
    Sustentabilidade da perspectiva econômica   34
    Sustentabilidade da perspectiva social   37
    Sustentabilidade da perspectiva ambiental   37
    Sustentabilidade das perspectivas geográfica e cultural   37

Capítulo 4
Indicadores de desenvolvimento sustentável   41
    Indicadores: principais aspectos   41
    Componentes e características de indicadores de sustentabilidade   45
    Vantagens e necessidade da formulação e aplicação de indicadores de sustentabilidade   52
    Limitações dos indicadores de sustentabilidade   59

Capítulo 5
Sistemas de indicadores relacionados ao desenvolvimento sustentável   63

Capítulo 6
Aspectos relevantes na formulação de sistemas de indicadores para a avaliação de sustentabilidade   73

Capítulo 7
Procedimentos metodológicos   81
    Escopo   84
    Esfera   85
    Dados   85
    Participação   86
    Interface   86

Capítulo 8
Seleção dos sistemas de indicadores: análise dos resultados   89
    Seleção dos sistemas de indicadores   89
    Análise dos resultados do levantamento   92
    Classificação das ferramentas de avaliação   96

Capítulo 9
Apresentação dos sistemas de indicadores de desenvolvimento sustentável   101
    O ecological footprint method   102
    O dashboard of sustainability   127
    O barometer of sustainability   142

Capítulo 10
Indicadores de sustentabilidade: uma análise comparativa   165
    Escopo   165
    Esfera   169
    Dados   170
    Participação   174
    Interface   178

Capítulo 11
Considerações finais   189

Referências bibliográficas   195

Anexos   203

Lista de abreviaturas

BS — *barometer of sustainability*

CPM — *capability poverty measure*

CS — *compass of sustainability*

CSD — *Commission on Sustainable Development*

DPSIR — *driving force, pressure, state, impact, response*

DS — *dashboard of sustainability*

DSR — *driving force, state, response*

Ecco — *evaluation of capital creation options*

EDP — *environmentaly adjusted net domestic product*

EE — *eco efficiency*

EFM — *ecological footprint method*

EIP — *European Indices Project*

EnSp — *environmental space*

ESI — *environmental sustainability index*

FAO — *Food and Agriculture Organization of the United Nations*

GNI — *green net national income*

GPI — *genuine progress indicator*

GRI — *global reporting initiative*

HDI — *human development index*

HEI — *human environment index*

Iiasa — *International Institute for Applied Systems Analisys*
Iisd — *International Institute for Sustainable Development*
Isew — *index of sustainable economic welfare*
IUCN — *International Union for the Conservation of Nature and Natural Resources*
IWGSD — *Interagency working group on sustainable development indicators*
MEP — *monitoring environmental progress*
Mips — *material input per service*
NRTEE — *National Round Table on the Environment and the Economy*
OECD — *Organization for Economic Cooperation and Development*
ONU — *Organização das Nações Unidas*
PIB — *produto interno bruto*
PPI — *policy performance indicator*
PSIR — *pressure, state, impact, response*
PSR — *pressure, state, response*
SBO — *system of basic orientors*
Seea — *system of integrated environmental and economic account*
SM — *Swedish model*
SPI — *sustainable process index*
TMC — *total material comsumption*
TMI — *total material input*
UN — *United Nations*
UNDP — *United Nations Development Program*
Unep — *United Nations Environment Program*
UNFPA — *United Nations Fund for Populations Activities*
UNSD — *United Nations Statistics Division*
WBGU — *German Advisory Council on Global Change*
WCED — *World Commission on Environment and Development*
WRI — *World Resource Institute*
WWF — *World Wildlife Fund*

Agradecimentos

Este livro é resultado de um longo processo de reflexão sobre o conceito de desenvolvimento sustentável e o problema relativo à sua mensuração. Ele foi escrito entre o Brasil e a Alemanha durante a realização do meu doutorado nas universidades de Dortmund e Federal de Santa Catarina. Dessa reflexão surgiu uma análise comparativa de três ferramentas que se propõem a mensurar a sustentabilidade do desenvolvimento.

Para chegar a essa comparação foi necessário compreender melhor as origens do conceito de desenvolvimento sustentável, observando sua história e suas diferentes concepções. Ao mesmo tempo aprofundei a discussão sobre os sistemas de indicadores, tomados primeiramente de maneira genérica até chegar a formulações mais específicas, relacionadas à sustentabilidade. Foram esses passos preliminares que permitiram a construção das categorias utilizadas posteriormente na análise das ferramentas comparadas neste livro.

Ele aborda as principais características de três sistemas que procuram mensurar a sustentabilidade de forma comparativa. Essas ferramentas foram escolhidas por especialistas da área como as mais promissoras quanto à avaliação do processo de desenvolvimento sob a perspectiva da sustentabilidade. Acredito que este livro preenche uma grande lacuna da área, uma vez que muitas das ferramentas existentes são totalmente desconhecidas ou conhecidas apenas parcialmente em termos de seu potencial de aplicação, das suas vantagens e de suas limitações. Esse desconhecimento parcial pode dificultar ou até mesmo prejudicar qualquer processo de avaliação, reduzindo o impacto que elas podem ter para orientar o desenvolvimento num sentido mais sustentável.

Melhorar o conhecimento sobre os indicadores de sustentabilidade deve servir aos tomadores de decisão, em particular, e à sociedade civil, em geral, para utilizar essas ferramentas de forma mais adequada e consciente.

Este livro só foi possível graças ao auxílio de diversas instituições e pessoas. Embora seja difícil enumerar todas, gostaria de agradecer em particular ao CNPq e ao DAAD, pela assistência financeira concedida com bolsa de estudos para realização do doutorado-*sandwich* na Alemanha; ao Escritório de Assuntos Internacionais da UFSC, especialmente na pessoa do prof. Louis Westphal, incentivador e intermediário junto à Universidade de Dortmund; à Universidade de Dortmund e à Lehrstühl für Thermische und Verfahrenstechnik, pelo apoio irrestrito ao projeto; ao Programa de Pós-graduação em Engenharia de Produção da UFSC, que, com seus professores e funcionários, permitiu a realização deste livro; ao Programa de Absorção Temporária de Doutores da Capes (ProDoc); à profª. Sandra Sulamita Nahas Baasch, pelo importante papel de orientadora; ao prof. Arthur Steiff, pela preciosa colaboração durante minha estada na Universidade de Dortmund; à profª. Eloíse Dellagnelo, pelo constante apoio; a alguns amigos em particular, especialmente os colegas Markus, Peter, Thomas, Tonu, Fabio, Cate, Florencia, Chiharu, Alex, Malik, Ercan, Veronica, Willy, Kristin, Seema, que me ajudaram a conhecer melhor o mundo, aos meus companheiros no Brasil, Roberto, Eduardo, Aldomar, Sílvia, Rodrigo, José Renato e Harry, que representam, para mim, uma série de virtudes; a uma série interminável de amigos em geral que, de alguma maneira, colaboram para tornar minha vida e meu trabalho mais felizes e especialmente à minha família, Guta, Christian e Bruno, pelo afeto, compreensão e apoio.

Introdução

O breve século XX, como afirma Hobsbawm (1996), foi testemunha de transformações significativas em todas as dimensões da existência humana. Ao lado do exponencial desenvolvimento tecnológico, que aumenta a expectativa de vida dos seres humanos e ao mesmo tempo sua capacidade de autodestruição, ocorreu um crescimento significativo da utilização de matéria e de energia para atender às necessidades da sociedade. Essa demanda por bens e serviços ocorre em toda a superfície do globo terrestre, mas seu preenchimento não é uniforme. Observa-se uma grande disparidade dos padrões de vida e de consumo das populações de diferentes países, juntamente com índices de desigualdade crescentes dentro deles.

A reflexão sobre o tema desenvolvimento, juntamente com o aumento da pressão exercida pela antroposfera sobre a ecosfera, levou ao crescimento da consciência sobre os problemas ambientais gerados por padrões de vida incompatíveis com o processo de regeneração do meio ambiente. Essa reflexão, que começa a surgir a partir da década de 1970, vai levar ao aparecimento do conceito de desenvolvimento sustentável. Ele preconiza um tipo de desenvolvimento que garanta qualidade de vida para as gerações atuais e futuras sem a destruição da sua base de sustentação, que é o meio ambiente. O surgimento do conceito de desenvolvimento sustentável, que se tornou rapidamente uma unanimidade em todos os segmentos da sociedade, ocasionou o aprofundamento da discussão sobre o seu real significado teórico e prático. A questão que se estabelece a partir daí é: como o desenvolvimento sustentável pode ser definido e operacionalizado para que seja utilizado como ferramenta para ajustar os rumos que a sociedade vem tomando em relação à sua interação com o meio ambiente natural?

A resposta a esse questionamento tem sido o desenvolvimento e a aplicação de sistemas de indicadores ou ferramentas de avaliação que procuram mensurar a sustentabilidade. Entretanto, a complexidade do conceito de desenvolvimento sustentável, com suas múltiplas dimensões e abordagens, tem dificultado a utilização mais consciente e adequada dessas ferramentas.

Este livro procura preencher essa lacuna. Melhorar a compreensão desse tema complexo que é o desenvolvimento sustentável pela comparação das principais ferramentas que buscam mensurar a sustentabilidade. O objetivo geral é realizar *uma análise comparativa entre as ferramentas de avaliação de sustentabilidade mais reconhecidas internacionalmente*. Para alcançá-lo foram estabelecidos os seguintes objetivos específicos:

▼ contextualizar o conceito de desenvolvimento sustentável;

▼ analisar os fundamentos teóricos e empíricos que caracterizam as ferramentas de avaliação de sustentabilidade;

▼ levantar, com pesquisa bibliográfica, as mais importantes ferramentas de avaliação de sustentabilidade no contexto internacional;

▼ selecionar, por questionário enviado a especialistas da área, entre as ferramentas levantadas na etapa anterior, quais os três sistemas de avaliação de sustentabilidade mais importantes atualmente no contexto internacional;

▼ descrever os pressupostos teóricos que fundamentam as três ferramentas selecionadas;

▼ descrever o funcionamento de cada uma das ferramentas selecionadas;

▼ comparar as ferramentas selecionadas a partir de categorias analíticas previamente elaboradas.

Para abordar o tema apresentado, este livro foi estruturado da seguinte forma: a introdução apresenta, de forma geral, o tema central, o conceito de sustentabilidade e o problema relativo à sua mensuração.

O capítulo 1 discute a crise ecológica a partir de seus fundamentos históricos mostrando os maiores problemas ambientais contemporâneos e sua influência na relação existente entre sociedade e meio ambiente. O capítulo 2 aborda a mudança que ocorre na sociedade a partir da tomada de consciência sobre a crise ambiental. Discutem-se as mudanças que ocorrem na percepção por parte da sociedade civil e dos especialistas da área no que se refere à gestão ambiental. Esse aspecto pode ser claramente percebido quando se observam as mudanças na concepção de desenvolvimento até chegar ao conceito de desenvolvimento sustentável.

O surgimento do conceito de desenvolvimento sustentável traz uma nova percepção sobre a crise ambiental, mas, também, uma série de questões conceituais. O capítulo 3 trata disso, as dificuldades encontradas na operacionalização desse novo elemento a partir das diferenças conceituais e práticas que existem sobre o tema.

Da discussão do conceito de sustentabilidade, desde as suas origens até a percepção atual, o capítulo 4 aborda especificamente a questão dos sistemas de indicadores relacionados à sustentabilidade. Apresenta alguns elementos que caracterizam os sistemas de indicadores, de maneira geral, e como eles são aplicados na avaliação do desenvolvimento sustentável. As vantagens e limitações decorrentes da utilização de sistemas de indicadores são citadas para constatar a necessidade de desenvolver sistemas mais adequados para os problemas atuais.

O capítulo 5 trata de alguns sistemas mais conhecidos de avaliação de sustentabilidade. É a partir da observação e da discussão teórica sobre os sistemas de indicadores de sustentabilidade realizada anteriormente, que o capítulo 6 menciona alguns aspectos que devem ser considerados na análise desse tipo de ferramenta. Esses elementos, descritos ao final do capítulo, foram utilizados na construção das categorias de análise empregadas neste estudo comparativo.

O capítulo 7 descreve a metodologia empregada no trabalho. O delineamento da pesquisa, os dados utilizados e as técnicas empregadas para obtenção e análise desses dados são definidos. O problema de pesquisa e seus objetivos, gerais e específicos, são novamente destacados, mas são descritas as categorias de análise que foram utilizadas para a comparação entre as ferramentas selecionadas. A última parte do capítulo apresenta a justificativa do trabalho, bem como suas limitações.

O capítulo 8 descreve o processo pelo qual foram selecionadas as principais ferramentas de avaliação de sustentabilidade existentes. O resultado nessa fase preliminar da pesquisa foi uma lista inicial de sistemas de indicadores de sustentabilidade. Ela foi utilizada num questionário enviado a uma amostra intencional de especialistas da área de desenvolvimento, cuja tarefa era escolher, entre as ferramentas, quais as mais relevantes no contexto internacional atualmente.

A parte final do capítulo analisa os resultados do levantamento inicial que procurou encontrar as principais ferramentas de avaliação de sustentabilidade para a realização do estudo. Os resultados do questionário são expostos e analisados, juntamente com as três ferramentas escolhidas pelos especialistas. Elas foram utilizadas na posterior análise comparativa.

O capítulo 9 descreve, individualmente, cada um dos métodos de avaliação, considerando quatro aspectos: o histórico da ferramenta, sua fundamentação teórica, alguns aspectos empíricos da aplicação do sistema e o conceito de sustentabilidade subjacente ao sistema de avaliação.

A partir das considerações derivadas da análise individual das ferramentas, juntamente com as dimensões de análise propostas pela metodologia de projeto, o capítulo 10 examina comparativamente os três sistemas selecionados. Essa análise foi realizada considerando inicialmente cada uma das categorias analíticas, e no final foi traçado um quadro geral no intento de apresentar os resultados do trabalho de comparação num espectro mais amplo.

O capítulo 11 discute algumas considerações importantes que surgiram no decorrer do trabalho de pesquisa bibliográfica e análise comparativa das ferramentas de avaliação. Essas considerações dizem respeito a uma série de elementos fundamentais relacionados ao conceito de desenvolvimento sustentável e ao problema de sua mensuração. Elas levantam uma série de questões que devem ser atentamente observadas a partir da realização de novos estudos, teóricos ou práticos, que são sugeridos no final deste livro.

A realização deste livro foi plenamente justificada na medida em que existe um vácuo conceitual sobre a mensuração do grau de sustentabilidade do desenvolvimento. A pesquisa procurou incrementar os conhecimentos relacionados às ferramentas de avaliação de sustentabilidade e suas características. Supõe-se que, à medida que se conheçam melhor essas ferramentas, elas possam ser mais bem avaliadas e aplicadas. Entretanto, por se tratar de um estudo exploratório que traça um quadro preliminar sobre o estado-da-arte da mensuração do desenvolvimento, o grau de profundidade alcançado a respeito das ferramentas de avaliação foi reduzido. O foco do livro é reconhecer o quadro geral e não as características específicas de uma ou outra ferramenta. Essa é uma das suas limitações, uma vez que as ferramentas selecionadas foram observadas e comparadas a partir de um modelo de análise previamente definido.

Capítulo 1

Crise ecológica: reflexões sobre a relação sociedade e meio ambiente

As crescentes dúvidas em relação ao futuro do meio ambiente são uma das consequências das várias transformações que marcaram a segunda metade do breve século XX. Entre os anos de 1960 e 1980 vários desastres ambientais — como o da baía de Minamata, no Japão, o acidente de Bhopal, na Índia, e o acidente na usina nuclear de Chernobyl, na extinta União Soviética — provocaram na Europa um impressionante crescimento da conscientização sobre os problemas ambientais. O vazamento de petróleo do *Exxon Valdez* teve o mesmo impacto na América do Norte, provocando imensa irritação popular nos EUA.

Deve-se observar que esses danos esporádicos e localizados são proporcionalmente menores que os que vêm sendo causados cumulativamente ao meio ambiente. Embora não exista ainda suficiente material referente a balanços ecológicos, a Organização para Cooperação e Desenvolvimento Econômico (Organization for Economic Cooperation and Development — OECD) estimou os danos ambientais acumulados para a Europa em 4% do produto nacional bruto médio de cada país (Callenbach et al., 1993).

Desde o início da tomada de consciência sobre os problemas ambientais até o momento presente, a discussão da temática ambiental evoluiu muito. A relação sociedade e meio ambiente, tema pouco abordado nas discussões iniciais sobre a problemática ambiental, começou a ser observada de maneira mais crítica e a própria concepção do problema passou para uma forma mais globalizada e menos localizada. Essa reflexão sobre a crise ecológica moderna no nível mundial leva ao surgimento de novas alternativas de relacionamento da sociedade contemporânea com seu ambiente, procurando reduzir os impactos que ela produz sobre o meio que a cerca. Aparentemente, nos últimos séculos, a dependência das sociedades humanas em relação aos recursos naturais vem diminuindo. Esse fato pode ser confirmado pela diminuição da produção e do consumo de recursos energéticos intensivos, pelo aumento de consumo de produtos energéticos não intensivos e pelo crescimento do setor de serviços. Utilizando uma base relativamente baixa na entrada de recursos naturais, os sistemas tecnológicos atuais, mais eficientes, são capazes de criar e operar complexas estruturas com alta produtividade (Weizsäcker, Lovins e Lovins, 1995).

Moldan e Bilharz (1997), entretanto, utilizam um exemplo da ecologia para ressaltar a importância que o produtor primário tem no funcionamento do sistema como um todo. Os autores mostram a dependência que diferentes sistemas ecológicos têm da biomassa. Todo o "supersistema" da atual tecnosfera é criticamente dependente da base de recursos naturais da mesma maneira que a mais primitiva civilização da Idade da Pedra. O quadro 1 mostra que essa base de recursos pode ser definida pela série de serviços oferecidos pela geosfera.

Quadro 1
Valores, serviços e bens fornecidos pela geosfera

- ▼ Manutenção de uma interface de proteção contra a interação cósmica.
- ▼ Manutenção de uma temperatura adequada (média, distribuição no tempo, proteção contra ocorrência de extremos).
- ▼ Manutenção relativamente estável de condições geofísicas (estabilidade da crosta da Terra, atividade geológica).
- ▼ Manutenção da qualidade do ar.
- ▼ Múltiplos serviços de água e ciclos da água, incluindo oceanos.
- ▼ Ciclo de nutrientes.
- ▼ Reciclagem dos resíduos e desintoxicação de substâncias.
- ▼ Provimento de espaço na superfície terrestre.
- ▼ Provimento de fontes de energia nas mais diversas formas.
- ▼ Fornecimento de materiais (elementos químicos, minerais, biomassa, substâncias específicas).
- ▼ Provimento de solo fértil.
- ▼ Bases para a construção.
- ▼ Base para ocorrência da biodiversidade e seus múltiplos serviços.
- ▼ Manutenção de condições microbiais sustentáveis (nível de micróbios: patogênicos, alergênicos etc.).

Fonte: adaptado de Moldan e Bilharz (1997).

A geosfera, segundo eles, tem capacidade de manter seus serviços dentro de um nível apropriado e suficiente. Essa capacidade é limitada por características específicas da Terra. Esse aspecto pode ser considerado a base da definição de capacidade de carga (Arrow et al., 1995). No momento em que essa capacidade de carga é ultrapassada provoca-se uma redução dos serviços oferecidos pela biosfera à sociedade humana. Ela ocorre justamente em função das atividades humanas que interagem com o meio ambiente.

Quando se trata da inter-relação homem e meio ambiente, Lüdeke e Petschel-Held (1997) afirmam que existe uma complexa rede de causas e consequências, para analisar essa interdependência é necessário utilizar um sistema cuidadosamente formulado. Existe uma série de tendências de mudança global, que representam os aspectos mais importantes ou relevantes de transformações que eles denominam síndrome de mudança global ou os vetores que determinam a degradação ambiental. Um sistema, com as principais tendências, foi elaborado pelo German Advisory Council of Global Change (WBGU, 1996) e é apresentado no quadro 2.

Quadro 2
Principais elementos da degradação ambiental

- ▼ Cultivo excessivo das terras marginais.
- ▼ Exploração excessiva dos ecossistemas naturais.
- ▼ Degradação ambiental decorrente do abandono de práticas de agricultura tradicionais.
- ▼ Utilização não sustentável, pelos sistemas agroindustriais, do solo e dos corpos de água.
- ▼ Degradação ambiental decorrente da depleção de recursos não renováveis.
- ▼ Degradação da natureza para fins recreacionais.
- ▼ Destruição ambiental em função do uso de armas e decorrente dos conflitos militares.
- ▼ Dano ambiental da paisagem natural a partir da introdução de projetos de grande escala.
- ▼ Degradação ambiental decorrente da introdução de métodos de agricultura inadequados e/ou inapropriados.
- ▼ Indiferença aos padrões ambientais em função do rápido crescimento econômico.

continua

- ▼ Degradação ambiental decorrente do crescimento urbano descontrolado.
- ▼ Destruição da paisagem natural em função da expansão planejada da infraestrutura urbana.
- ▼ Desastres ambientais antropogênicos com impactos ecológicos de longo prazo.
- ▼ Degradação ambiental que ocorre a partir da difusão contínua e em grande escala de substâncias na biosfera.
- ▼ Degradação ambiental decorrente da disposição controlada e descontrolada de resíduos.
- ▼ Contaminação local de propriedades onde se localizam plantas industriais.

Fonte: WBGU (1996).

Capítulo 2

A tomada de consciência: dos limites do crescimento até o conceito de desenvolvimento sustentável

A noção de desenvolvimento sustentável tem sua origem mais remota no debate internacional sobre o conceito de desenvolvimento. Trata-se, na verdade, da história da reavaliação da noção do desenvolvimento predominantemente ligado à ideia de crescimento, até o surgimento do conceito de desenvolvimento sustentável.

Segundo Brüseke (1995), alguns pontos importantes na discussão desse conceito foram, no século XX: o relatório sobre os limites do crescimento, publicado em 1972, o surgimento do conceito de ecodesenvolvimento, em 1973, a Declaração de Cocoyok, em 1974, o relatório da Fundação Dag-Hammarskjöld, em 1975, e, finalmente, a Conferência da Organização das Nações Unidas (ONU) sobre Meio Ambiente e Desenvolvimento, em 1992.

O primeiro impacto foi produzido pelo Clube de Roma. Esta associação de cientistas políticos e empresários preocupados com as questões globais encomenda alguns projetos relacionados a elas. Em 1972 surge um dos mais conhecidos estudos decorrentes dessa ação do Clube de Roma, o relatório mundialmente conhecido como *The limits to growth* (Meadows et al. 1972).

Esse relatório foi publicado no mesmo ano em que é realizada uma conferência em Estocolmo sobre o meio ambiente humano, e ressaltava que a maioria dos problemas ligados ao meio ambiente ocorria na escala global e se acelerava de forma exponencial. O relatório rompe com a ideia da ausência de limites para a exploração dos recursos da natureza, contrapondo-se claramente à concepção dominante de crescimento contínuo da sociedade industrial. Durante a Conferência de Estocolmo, em 1972, a preocupação principal, portanto, foi a do crescimento populacional, bem como do processo de urbanização e da tecnologia envolvida na industrialização.

Em 1973 surge pela primeira vez o termo *ecodesenvolvimento*, colocado como alternativa da concepção clássica de desenvolvimento. Alguns dos aspectos para formulação desse novo modelo foram articulados por Ignacy Sachs. Eles abordavam prioritariamente a questão da educação, da participação, da preservação dos recursos naturais juntamente com a satisfação das necessidades básicas. O conceito de ecodesenvolvimento referia-se inicialmente a algumas regiões de países subdesenvolvidos e foi um grande avanço na percepção do problema ambiental global na medida em que se começa a verificar a interdependência entre desenvolvimento (ou seu modelo dominante) e meio ambiente.

Em 1974 formula-se a Declaração de Cocoyok, resultado de uma reunião da Conferência das Nações Unidas sobre Comércio e Desenvolvimento e do Programa de Meio Ambiente das Nações Unidas. Ela inova na discussão sobre desenvolvimento e meio ambiente, uma vez que lança algumas hipóteses sobre a relação que se estabelece entre eles. O documento afirma que: a explosão populacional é decorrente da absoluta falta de recursos em alguns países (quanto maior a pobreza, maior é o crescimento demográfico); a destruição ambiental também decorre da pobreza e os países desenvolvidos têm uma parcela de culpa nos problemas globais, uma vez que têm um elevado nível de consumo.

Em 1975 a Fundação Dag-Hammarskjöld aprofunda as conclusões da Declaração de Cocoyok publicando um relatório que contou com a colaboração de 48 países, juntamente com o Programa de Meio Ambiente das Nações Unidas e outras 13 organizações da ONU. O relatório concentra-se na questão do poder e sua relação com a degradação ambiental, destacando o papel de um novo desenvolvimento baseado na mobilização das forças capazes de mudar as estruturas dos sistemas vigentes.

Em 1992, 20 anos depois da reunião pioneira de Estocolmo, uma nova conferência da ONU sobre meio ambiente e desenvolvimento é realizada no Rio de Janeiro, aumentando o grau de consciência sobre o modelo de desenvolvimento adotado mundialmente e também sobre as limitações que ele apresenta. Finalmente a interligação entre desenvolvimento socioeconômico e as transformações do meio ambiente entrou no discurso oficial da maioria dos países do mundo. A percepção da relação entre problemas do meio ambiente e o processo de desenvolvimento se legitima pelo surgimento do conceito de desenvolvimento sustentável (Guimarães, 1997).

A relação entre desenvolvimento e meio ambiente é considerada hoje um ponto central na compreensão dos problemas ecológicos. O conceito de desenvolvimento sustentável trata especificamente de uma nova maneira de a sociedade se relacionar com seu ambiente de forma a garantir a sua própria continuidade e a de seu meio externo. Entretanto, a formulação de uma definição para o conceito de desenvolvimento sustentável ainda gera diversas interpretações, existindo, segundo alguns autores, um certo grau de consenso em relação às necessidades de se reduzir a poluição ambiental, eliminar os desperdícios e diminuir o índice de pobreza (Baroni, 1992). A seguir, uma discussão sobre o conceito de desenvolvimento sustentável e as raízes de suas diversas interpretações.

Capítulo 3

Desenvolvimento sustentável: diferentes abordagens conceituais e práticas

O conceito de desenvolvimento sustentável provém de um relativamente longo processo histórico de reavaliação crítica da relação existente entre a sociedade civil e seu meio natural. Por se tratar de um processo contínuo e complexo, observa-se hoje que existe uma variedade de abordagens que procura explicar o conceito de sustentabilidade. Ela pode ser mostrada pelo enorme número de definições desse conceito.

O termo desenvolvimento sustentável foi primeiramente discutido pela World Conservation Union, também chamada de International Union for the Conservation of Nature and Natural Resources (IUCN), no documento intitulado *World's Conservation Strategy* (IUCN et al., 1980). Ele afirma que para que o desenvolvimento seja sustentável devem-se considerar aspectos referentes às dimensões social e ecológica, bem como fatores econômicos, dos recursos vivos e não vivos e as vantagens de curto e longo prazos de ações alternativas. O foco do conceito é a integridade ambiental e apenas a partir da definição do Relatório Brundtland a ênfase desloca-se para o elemento humano, gerando um equilíbrio entre as dimensões econômica, ambiental e social.

O Relatório Brundtland, elaborado a partir da World Commission on Environment and Development (WCED), traz uma das definições mais conhecidas que afirma que o desenvolvimento sustentável é o que atende às necessidades das gerações presentes sem comprometer a possibilidade das gerações futuras atenderem suas próprias necessidades (WCED, 1987).

Para Goldsmith e coautores (1972), uma sociedade pode ser considerada sustentável quando todos os seus propósitos e intenções podem ser atendidos indefinidamente, fornecendo satisfação ótima para seus membros. Pronk e ul Haq (1992) destacam o papel do crescimento econômico na sustentabilidade. Para eles, o desenvolvimento é sustentável quando o crescimento econômico traz justiça e oportunidades para todos os seres humanos do planeta, sem privilégio de algumas espécies, sem destruir os recursos naturais finitos e sem ultrapassar a capacidade de carga do sistema.

Para algumas organizações não governamentais, e para os programas das Nações Unidas para o Meio Ambiente e para o Desenvolvimento (Pnuma e Pnud), o desenvolvimento sustentável consiste na modificação da biosfera e na aplicação de seus recursos para atender às necessidades humanas e aumentar a sua qualidade de vida (IUCN et al., 1980). Para assegurar a sustentabilidade do desenvolvimento devem-se considerar os fatores social, ecológico e econômico, dentro das perspectivas de curto, médio e longo prazos.

Para Costanza (1991) o conceito de desenvolvimento sustentável deve ser inserido na relação dinâmica entre o sistema econômico humano e um sistema maior, com taxa de mudança mais lenta, o ecológico. Para ser sustentável essa relação deve assegurar que a vida humana possa continuar indefinidamente, com crescimento e desenvolvimento da sua cultura, observando-se que os efeitos das atividades humanas permaneçam dentro de fronteiras adequadas, de modo a não destruir a diversidade, a complexidade e as funções do sistema ecológico de suporte à vida. Munasinghe e McNeely (1995) resumem a sustentabilidade à obtenção de um grupo de indicadores que sejam referentes ao bem-estar e que possam ser mantidos ou que cresçam no tempo.

O termo desenvolvimento sustentável pode ser visto como palavra-chave dessa época, e existem para ele numerosas definições. Apesar dessa grande quantidade de definições do conceito, ou talvez devido exatamente a isso, não se sabe exatamente o que o termo significa. As duas definições comumente mais conhecidas, citadas e aceitas são a do Relatório Brundtland (WCED, 1987) e a do documento conhecido como *Agenda 21*. A mais conhecida definição, do Relatório Brundtland, apresenta a questão das gerações futuras e suas possibilidades. Ela contém dois conceitos-chave: a necessidade, referindo-se particularmente às necessidades dos países subdesenvolvidos, e a ideia de limitação, imposta pelo estado da tecnologia e de organização social para atender às necessidades do presente e do futuro.

A questão da ênfase do componente social no desenvolvimento sustentável está refletida no debate que ocorre sobre a inclusão ou não de medidas sociais na definição. Esse debate aparece em função da variedade de concepções de sustentabilidade que contêm componentes que não são usualmente mensurados, como o cultural e o histórico. Os indicadores sociais são considerados especialmente controversos pois refletem contextos políticos e julgamentos de valor. A integração de medidas é ainda mais complicada por causa das diferentes — e muitas vezes incompatíveis — dimensões. A definição do Relatório Brundtland não estabelece um estado estático, mas um processo dinâmico que pode continuar a existir sem a lógica autodestrutiva predominante.

As diferentes forças que atuam no sistema devem estar em balanço para que o sistema como um todo se mantenha no tempo.

Não é o objetivo deste livro identificar a maioria das definições que tratam do desenvolvimento sustentável (que para alguns autores chegam a 160), mas sim identificar como varia o entendimento do que seja a própria sustentabilidade. A diferença nas definições é decorrente das abordagens diversas que se tem sobre o conceito. O grau de sustentabilidade é relativo em função do campo ideológico ambiental ou da dimensão em que cada ator se coloca.

Segundo Pearce (1993) existem diferentes ideologias ambientais que fazem do ambientalismo um fenômeno complexo e dinâmico. Dentro do ambientalismo este autor identifica dois extremos ideológicos: de um lado o tecnocentrismo (*technocentrism*) e do outro o ecocentrismo (*ecocentrism*). Dentro dessa linha contínua podem-se identificar quatro campos distintos, com características particulares. Essas dimensões diferentes do ambientalismo são mostradas no quadro 3.

Nesse quadro, diferentes graus de sustentabilidade podem ser distinguidos. Pearce utiliza quatro classificações: sustentabilidade muito fraca (*very weak sustainability*), sustentabilidade fraca (*weak sustainability*), sustentabilidade forte (*strong sustainability*) e sustentabilidade muito forte (*very strong sustainability*). A concepção tecnocêntrica pode ser aproximada a um modelo antropocêntrico de relação homem-natureza enquanto a posição ecocêntrica observa essa relação como simétrica.

Pode-se encontrar também um paralelo na diferenciação que Naess (1996) faz entre ecologia profunda (*deep ecology*) e ecologia superficial (*shallow ecology*). Na ecologia superficial o objetivo central é a afluência e a saúde das pessoas, juntamente com a luta contra a poluição e a depleção de recursos, enquanto o foco da ecologia profunda se concentra no igualitarismo biosférico e nos princípios da diversidade, complexidade e autonomia.

Os autores ligados à tendência tecnocêntrica acreditam que a sustentabilidade se refere à manutenção do capital total disponível no planeta e que ela pode ser alcançada pela substituição de capital natural pelo capital gerado pela capacidade humana. No extremo ecocêntrico os autores destacam a importância do capital natural e da necessidade de conservá-lo não apenas pelo seu valor financeiro mas principalmente pelo seu valor substantivo. Dentro de uma concepção de sustentabilidade muito fraca não existem limites para o desenvolvimento, fato ressaltado por alguns autores que enxergam no desenvolvimento sustentável uma estratégia da sociedade contemporânea para escapar das concepções de limites naturais (Fearnside, 1997). Já para os postuladores da ecologia profunda existem limites naturais para o desenvolvimento dentro do nosso planeta.

Quadro 3
Dimensões do ambientalismo

Tecnocêntrico ◄─────────────────────► Ecocêntrico

Cornucopiana	Adaptativa	Comunalista	Ecologia profunda	
Exploração de recursos, orientação pelo crescimento.	Conservacionismo de recursos, posição gerencial.	Preservacionismo de recursos.	Preservacionismo profundo.	Rótulo ambiental
Economia antiverde, livre mercado.	Economia verde, mercado verde conduzido por instrumentos de incentivos econômicos.	Economia verde profunda. Economia *steady-state*, regulação macroambiental.	Economia verde muito profunda, forte regulação para minimizar a tomada de recursos.	Tipo de economia
Objetivo econômico, maximização do crescimento econômico. Considera que o mercado livre em conjunção com o progresso técnico deve possibilitar a eliminação das restrições relativas aos limites e à escassez.	Modificação do crescimento econômico, norma do capital constante, alguma mudança de escala.	Crescimento econômico nulo, crescimento populacional nulo. Perspectiva sistêmica, saúde do todo (ecossistema), hipótese de Gaia e suas implicações.	Reduzida escala da economia e da população. Imperativa mudança de escala, interpretação literal de Gaia.	Estratégia de gestão
Direitos e interesses dos indivíduos contemporâneos, valor instrumental na natureza.	Equidade intra e intergeracional (pobres contemporâneos e gerações futuras), valor instrumental na natureza.	Interesse coletivo sobrepuja o interesse individual, valor primário dos ecossistemas e valor secundário para suas funções e serviços.	Bioética (direitos e interesses conferidos a todas as espécies), valor intrínseco da natureza.	Ética
Sustentabilidade muito fraca.	Sustentabilidade fraca.	Sustentabilidade forte.	Sustentabilidade muito forte.	Grau de sustentabilidade

Fonte: adaptado de Pearce (1993).

Dahl (1997) explora toda a temática da sustentabilidade abordando os inúmeros conceitos, as diversas definições, os mais importantes documentos, a definição do Relatório Brundtland e o surgimento da *Agenda 21* juntamente com os acréscimos fornecidos pelas conferências do Cairo, Copenhagen, Beijing, Istambul e Roma. Segundo ele, a definição do Relatório Brundtland é muito geral e não implica responsabilidade específica a respeito das dimensões do desenvolvimento sustentável e nem em relação às gerações futuras. A segunda definição geral, e bem mais aceita atualmente, é todo o documento intitulado *Agenda 21*, um plano de ação composto por 40 capítulos, negociado e adotado dentro da Conferência das Nações Unidas sobre Meio Ambiente e Desenvolvimento realizada no Rio de Janeiro em 1992 (United Nations, 1993).

Para Dahl (1997) o termo desenvolvimento sustentável é claramente um conceito carregado de valores, e existe uma forte relação entre os princípios, a ética, as crenças e os valores que fundamentam uma sociedade ou comunidade e sua concepção de sustentabilidade. Dahl pondera que um dos problemas do conceito refere-se ao fato de que a sociedade deve saber para onde quer ir para que depois se possa medir se esses objetivos ou direção estão sendo seguidos ou alcançados. Para alcançar o desenvolvimento sustentável deve-se chegar a uma concepção que seja compreensiva e, ao mesmo tempo, compreensível do conceito. Ou seja, que consiga captar o conceito de desenvolvimento sustentável ao mesmo tempo em que transmite essa concepção para os atores da sociedade de uma maneira mais clara. Entretanto, o próprio autor reconhece que dar forma a essa concepção não é tarefa fácil. Alguns métodos que procuram avaliar a sustentabilidade partem da suposição sobre algumas características e metas da sociedade. Outros procuram observar as metas e os princípios que emergem da própria sociedade. Todas essas concepções são importantes para que se tenha um retrato mais elaborado sobre esse sujeito complexo que é o desenvolvimento sustentável.

Existem múltiplos níveis de sustentabilidade, o que leva à questão da inter-relação dos subsistemas que devem ser sustentáveis, o que, entretanto, por si só, não garante a sustentabilidade do sistema como um todo. É possível observar a sustentabilidade a partir de subsistemas como, por exemplo, dentro de uma comunidade local, um empreendimento industrial, uma ecorregião ou uma nação, entretanto deve-se reconhecer que existem interdependências e fatores que não podem ser controlados dentro das fronteiras desses sistemas menores.

Bossel (1998, 1999) afirma que só existe uma alternativa à sustentabilidade, que é a insustentabilidade. O conceito de desenvolvimento sustentável envolve a questão temporal; a sustentabilidade de um sistema só pode ser observada a partir da perspectiva futura, de ameaças e oportunidades. Dificilmente é possível verificar a sustentabilidade no contexto dos acontecimentos. Ele lembra que, no passado, a sustentabilidade da sociedade humana nunca esteve seriamente ameaçada, uma vez que a carga provocada pela atividade humana sobre o sistema era de escala reduzida, o que permitia uma resposta adequada e uma adaptação suficiente. As ameaças sobre a sustentabilidade de um sistema começam a requerer atenção mais urgente na sociedade à medida que o sistema ambiental não é capaz de responder adequadamente à carga que recebe. Se a taxa de mudança ultrapassa a habilidade do sistema de responder, ele acaba deixando de ser viável.

As ameaças para a viabilidade do sistema, segundo Bossel (1999, 1998), derivam de alguns fatores: as dinâmicas da tecnologia, da economia e da população. Todas podem levar a uma acelerada taxa de mudanças. O autor reafirma a necessidade de operacionalizar o conceito de sustentabilidade, que já julga estar implícito na sociedade, acreditando na improbabilidade desse sistema ter uma tendência à autodestruição. A operacionalização deve auxiliar na verificação sobre a sustentabilidade ou não do sistema, ou, pelo menos, ajudar na identificação das ameaças à sustentabilidade de um sistema. Para isso há a necessidade de se desenvolver indicadores que forneçam essas informações sobre onde se encontra a sociedade em relação à sustentabilidade.

Sustentar para Bossel significa manter em existência, prolongar, e, se aplicado apenas nesse sentido, o conceito não tem, segundo ele, muito significado para a sociedade humana. Para ele, a sociedade humana não pode ser mantida no mesmo "estado". A sociedade humana é um sistema complexo, adaptativo, incluso em outro sistema complexo que é o meio ambiente. Esses sistemas coevoluem em interação mútua, com constante mudança e evolução. Essas habilidades de mudar e evoluir devem ser mantidas na medida em que se pretenda um sistema que permaneça viável.

Para ele existem diferentes maneiras de alcançar a sustentabilidade de um sistema com consequências diversas para seus participantes. O autor lembra que algumas civilizações se mantiveram sustentáveis em seus ambientes, durante muito tempo, pela institucionalização de sistemas de exploração, injustiça e de classes que são atualmente inaceitáveis. Para Bossel (1999), se a sustentabilidade ambiental estiver relacionada com o prolongamento das tendências atuais, onde uma minoria dispõe de grandes recursos, à custa de uma maioria, o sistema será socialmente insustentável em função da pressão crescente que decorre de um sistema institucionalmente injusto. Uma sociedade ambiental e fisicamente sustentável, que explora o ambiente em seu nível máximo de sustentação, pode ser psicológica e culturalmente insustentável. Para ele, a sustentabilidade deve abordar as dimensões material, ambiental, social, ecológica, econômica, legal, cultural, política e psicológica.

Bossel constrói um esquema, apresentado na figura 1, onde mostra os diferentes caminhos que uma sociedade pode tomar. A partir de seu momento atual, eixo *x*, ocorrem diferentes alternativas de desenvolvimento; entretanto, segundo ele, há diversas restrições ao desenvolvimento, algumas flexíveis e outras fixas. O campo total das possibilidades de desenvolvimento é determinado por esses elementos, deixando apenas um espaço potencial limitado de opções que o autor chama de espaço acessível (*accessibility space*) onde o desenvolvimento ocorre. Dentro desse campo existem inúmeras possibilidades, ou caminhos, de desenvolvimento. Isto leva à questão das diferentes escolhas ou julgamentos e à inclusão de referências éticas.

Assim, Bossel afirma que o conceito de desenvolvimento sustentável deve ser dinâmico. A sociedade e o meio ambiente sofrem mudanças contínuas, as tecnologias, culturas, valores e aspirações se modificam constantemente e uma sociedade sustentável deve permitir e sustentar essas modificações. O resultado dessa constante adaptação do sistema não pode ser previsto pois é consequência de um processo evolucionário.

Figura 1
Espaço para desenvolvimento

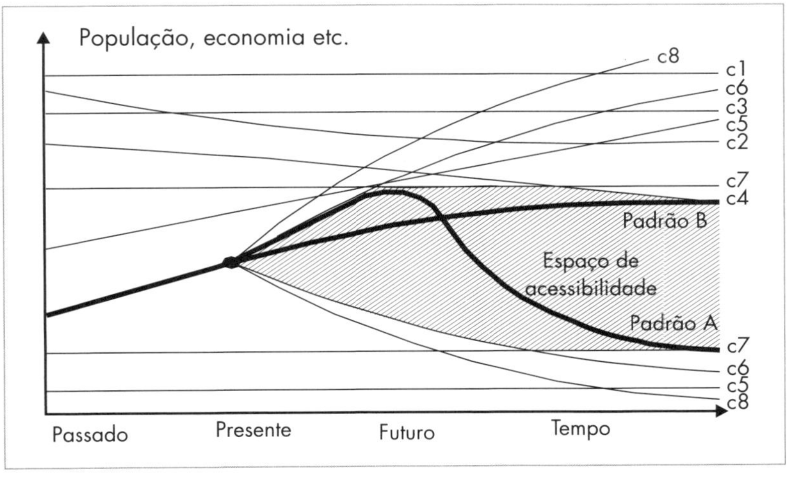

Fonte: Bossel (1999).

A seguir, as restrições para o sistema físico, ou para o espaço de desenvolvimento, apresentadas na figura 1, segundo Bossel (1999).

- ▼ C1. As leis da natureza e as normas lógicas. São elementos que não podem ser rompidos, ultrapassados. São restrições que não podem ser contornadas. O autor fornece o exemplo do mínimo de nutrientes requerido para o crescimento de uma planta ou o máximo de eficiência energética obtida por um processo térmico. Trata-se da primeira restrição sobre o espaço acessível de desenvolvimento.

- ▼ C2. Ambiente físico. A sociedade humana é um subsistema, ou uma parte do ambiente global com o qual interage e do qual depende. Seu desenvolvimento depende das condições do ambiente em geral, como a capacidade de assimilação de resíduos, rios, oceanos, recursos renováveis e não renováveis, clima etc. Alguns desses elementos são restrições estáticas (recursos não renováveis), outros se referem a limitações de taxa ou velocidade de utilização (máximo de absorção de resíduos no tempo, por exemplo). O desenvolvimento sustentável deve observar essas restrições.

- ▼ C3. Fluxo solar e estoques de recursos materiais. Existe apenas uma fonte de energia primária — a energia solar. Em um processo de desenvolvimento sustentável a limitante energética é a taxa de energia solar que pode ser capturada e utilizada pelo sistema. Os recursos materiais são limitados pelo estoque atual que existe na biosfera, e têm sido reciclados por bilhões de anos, por isso a reciclagem é um importante elemento da sustentabilidade.

- ▼ C4. Capacidade de carga. Os ecossistemas e os organismos, incluindo os seres humanos, necessitam de um certo fluxo de energia solar, de nutrientes, água e outros elementos. O consumo depende do organismo e de seu estilo de vida. Em longo prazo o consumo é limitado pela produção fotossintética de uma determinada região. A capacidade de carga constitui o número de organismos de uma determinada espécie que pode ser suportado por essa produtividade ecológica, dentro da região. Ela depende logicamente da taxa de consumo da região que não é apenas determinada pela alimentação, mas, também, por outros recursos como a água. Para restrições físicas idênticas, a capacidade de carga será maior para sociedades frugais do que para as altamente geradoras de lixo. Os seres humanos podem ultrapassar a capacidade de carga de uma determinada região importando recursos críticos de outras regiões, mas isso só é válido temporariamente, uma vez que, os recursos se tornando escassos em outras partes, o fluxo tende a diminuir.

Agora, as restrições de natureza humana e sobre as metas humanas, que estão associadas ao fato de que nem tudo é desejável.

- ▼ C5. Atores sociais. Seres humanos são conscientes, imaginativos e criativos. Ou seja, não atuam de maneira restrita, confinados por regras de comportamento. São capazes de criar novas soluções ou, por outro lado, não enxergar soluções óbvias. Constitui-se assim uma restrição sobre o espaço que é mental e intelectualmente acessível ao ser. Sociedades que são mais inovativas têm um nível mais elevado de educação e população mais treinada; com um ambiente cultural aberto têm maior área acessível do que sociedades mais restritas.

- C6. Organizações, cultura e tecnologia. Para uma dada sociedade, e para o mundo em geral, existe uma interação entre organizações, cultura, sistemas políticos e tecnologias possíveis que afeta o comportamento social e a reação à mudança, fatores que também levam a uma restrição quanto ao espaço disponível.
- C7. Papel da ética e dos valores. Nem tudo que é acessível é aceitável dentro de alguns padrões éticos, comportamento ou valores culturais ou normas de uma determinada sociedade. Constitui-se assim mais uma restrição quanto ao espaço acessível para o desenvolvimento.

O último tipo de restrição é relacionado ao tempo, sua dinâmica e sua evolução, que determinam a direção e o ritmo de mudanças.

- C8. Papel do tempo. Os processos dinâmicos trabalham no tempo. Por exemplo, quanto à introdução de uma nova tecnologia existem diversas restrições com o que pode ser feito e em que velocidade uma tecnologia pode ser alterada, isto é, a taxa ou velocidade de mudança introduz mais uma restrição.
- C9. Papel da evolução. O desenvolvimento sustentável implica uma mudança evolucionária auto-organizativa e adaptativa constante. Quanto maior o número de diferentes alternativas inovativas, melhor para o sistema, mais espaço avaliável. O espectro de diversidade dentro do sistema constitui, portanto, uma última restrição do espaço avaliável.

Em termos gerais, para Hardi e Zdan (1997), a ideia de sustentabilidade está ligada à persistência de certas características necessárias e desejáveis de pessoas, suas comunidades e organizações, e os ecossistemas que as envolvem, dentro de um período de tempo longo ou indefinido. Para atingir o progresso em direção à sustentabilidade deve-se alcançar o bem-estar humano e dos ecossistemas, sendo que o progresso em cada uma dessas esferas não deve ser alcançado à custa da outra. Os autores reforçam a interdependência entre os dois sistemas.

Hardi e Zdan afirmam que desenvolver significa expandir ou realizar as potencialidades, levando a um estágio maior ou melhor do sistema. O desenvolvimento deve ser qualitativo e quantitativo, o que o diferencia da simples noção de crescimento econômico. O desenvolvimento sustentável, ainda para Hardi e Zdan, não é um estado fixo, harmonioso; ao contrário, trata-se de um processo dinâmico de evolução. Essa ideia, segundo os autores, não é complicada, apenas mostra que algumas características do sistema devem ser preservadas para assegurar a continuidade da vida. Assim como Dahl, eles afirmam que o sistema é global e apenas um ator, como uma empresa ou comunidade, não pode ser considerado sustentável em si mesmo; uma parte do sistema não pode ser sustentável se outras não o são.

Em relação à questão temporal, um sistema só pode ser declarado sustentável quando se observa o passado. Como afirmam Costanza e Patten (1995), um sistema sustentável é aquele que sobrevive ou persiste, mas só se pode constatar isso posteriormente. Assim, a definição do Relatório Brundtland é uma afirmação sobre as condições de sustentabilidade dos sistemas naturais e humanos e não se refere especificamente ao ponto onde eles devem chegar. Algumas outras abordagens referem-se a aspectos particulares do sistema, que são considerados especialmente importantes para alcançar a sustentabilidade. Uma delas é o *natural step* baseado no fato de que a natureza deve sobreviver independentemente da sua avaliação econômica (Robert et al., 1995). O sistema se fundamenta em quatro condições que devem ser alcançadas, apresentadas no quadro 4.

Quadro 4
Condições do sistema para alcançar a sustentabilidade

▼ Condição 1. As substâncias na crosta terrestre não devem aumentar sistematicamente na ecosfera.

▼ Condição 2. As substâncias produzidas pela sociedade não devem aumentar sistematicamente na ecosfera.

▼ Condição 3. A base física para a produtividade e a diversidade da natureza não deve ser sistematicamente reduzida.

▼ Condição 4. Os recursos devem ser utilizados correta e eficientemente com relação ao alcance das necessidades humanas.

Fonte: Robert et al. (1995).

Segundo Hardi e Barg (1997), embora seja possível apontar a direção do desenvolvimento para que este seja "mais" sustentável, não é possível definir precisamente as condições de sustentabilidade de determinado desenvolvimento. O problema da definição, segundo eles, é que não se pode capturar de maneira detalhada ou precisa a dinâmica da sustentabilidade humana e natural. A maior parte do debate contemporâneo sobre a sustentabilidade se refere a visões específicas de diferentes autores sobre aspectos distintos do conceito. Sem entrar nesse debate teórico, os autores sugerem que as definições de sustentabilidade devem incorporar aspectos de sustentabilidade econômica e ecológica juntamente com o bem-estar humano.

Para Rutherford (1997) o maior desafio do desenvolvimento sustentável é a compatibilização da análise com a síntese. O desafio de construir um desenvolvimento dito sustentável, juntamente com indicadores que mostrem essa tendência, é compatibilizar o nível macro com o micro. No nível macro deve-se entender a situação do todo e sua direção de uma maneira mais geral e fornecer para o nível micro — onde se tomam as decisões — as informações importantes para as necessárias correções de rota. O autor afirma que a evolução da ecosfera é resultado da interação, inclusive humana, de milhares de decisões de nível micro. Por outro lado, existe uma interação do comportamento do micro em relação ao macro. É necessária uma abordagem holística se o objetivo é a compreensão mais clara do que seja um desenvolvimento ambientalmente sustentável e como se devem construir seus indicadores.

Um dos princípios que está por trás de qualquer política que promova o desenvolvimento sustentável é que o desenvolvimento implica, em menor ou maior grau, alguma forma de degradação do meio ambiente (Cavalcanti, 1997). Como vários autores mostram, existe um limite físico dentro do qual uma economia pode operar. Esse limite físico para Daly (1994) é determinado pelo sistema maior dentro do qual uma economia deve funcionar: o ecológico.

Para Rutherford (1997) deve-se olhar para o problema sob diferentes perspectivas. As principais esferas são, na sua opinião, a econômica, a ambiental e a social. Entretanto, não se deve, segundo ele, restringi-las exclusivamente a seus domínios e sim ampliar os insights para o sistema como um todo.

Também para Dahl (1997), o conceito de sustentabilidade pode ser mais bem entendido a partir de diversas dimensões, e ele cita reiteradamente o caso das sociedades ocidentais onde a dimensão econômica tem sido predominantemente utilizada.

Talvez o fato de existirem diferentes concepções ambientalistas sobre a ideologia de desenvolvimento sustentável possa explicar a existência das diversas definições desse conceito. Entretanto, um conceito como o do desenvolvimento sustentável, com várias concepções, não pode ser operacionalizado, o que prejudica a implementação e a avaliação dos processos desse novo modelo de desenvolvimento. Existe a necessidade de definir concretamente o conceito, verificando criticamente o seu significado e observando-se as diferentes dimensões que abrange.

Considerando a sustentabilidade como um conceito dinâmico que engloba um processo de mudança, Sachs (1997) afirma que o conceito de desenvolvimento sustentável apresenta cinco dimensões: sustentabilidades social, econômica, ecológica, geográfica e cultural.

Muito embora existam diversas sugestões, e controvérsias, sobre as dimensões que se relacionam com a sustentabilidade, pode-se fazer uma análise inicial do conceito a partir dessas cinco dimensões.

Sustentabilidade da perspectiva econômica

Para Daly (1994, 1992), a teoria econômica deve atender três objetivos: alocação, distribuição e escala. Na economia, as questões relativas à alocação e à distribuição apresentam um tratamento consistente tanto em termos teóricos quanto históricos. Entretanto, a questão referente à escala ainda não é formalmente reconhecida e não conta com instrumentos políticos de execução. A alocação se refere à divisão relativa dos fluxos de recursos.

Uma boa alocação é aquela que disponibiliza recursos em função das preferências individuais, onde elas são avaliadas pela habilidade de pagar utilizando o instrumento do preço. A distribuição está relacionada à divisão dos recursos entre as pessoas. Já a escala se refere ao volume físico do fluxo de matéria e energia, de baixa entropia, retirada do ambiente em forma de matéria bruta e devolvida a ele como resíduos de alta entropia. A teoria econômica tem se abstraído da questão da escala de duas maneiras opostas: de um lado assume que o meio ambiente é uma fonte de recursos infinita e do outro, que ele constitui depósito de resíduos de tamanho infinito em relação à escala do subsistema econômico. A crise surge quando a economia, ou o subsistema econômico, cresce de tal maneira que a demanda sobre o meio ambiente ultrapassa seus limites.

A sustentabilidade econômica abrange alocação e distribuição eficientes dos recursos naturais dentro de uma escala apropriada. O conceito de desenvolvimento sustentável, observado a partir da perspectiva econômica, segundo Rutherford (1997), vê o mundo em termos de estoques e fluxo de capital. Na verdade, essa visão não está restrita apenas ao convencional capital monetário ou econômico, mas está aberta a considerar capitais de diferentes tipos, incluindo o ambiental e/ou natural, capital humano e capital social.

Para os economistas o problema da sustentabilidade se refere à manutenção do capital em todas as suas formas. Rutherford afirma que muitos economistas ressaltam a semelhança entre a gestão de portfólios de investimento com a sustentabilidade, onde se procura maximizar o retorno mantendo o capital constante. Na gestão das carteiras é necessário muitas vezes mudar a proporção dos capitais investidos e o investimento também pode ser observado como uma estratégia para obter lucros futuros. Os economistas, ao contrário dos ambientalistas, tendem a ser otimistas em relação à capacidade humana de se adaptar a novas realidades ou circunstâncias e resolver problemas com sua capacidade técnica: No mundo econômico, para o autor, o único elemento imprevisível é a raça humana. Algumas linhas teóricas divergem um pouco dessa abordagem afirmando que existe o interesse da manutenção do capital total e que variações dentro das diferentes categorias de capital podem ser compensadas por outro tipo de capital, o que remete à discussão sobre os graus de sustentabilidade de Pearce (1993).

Os economistas se aproximam das questões relativas à sociedade e meio ambiente pela discussão dos conceitos de sustentabilidades forte e fraca. Ambas estão baseadas no fato de que a humanidade deve preservar capital para as futuras gerações. O capital natural é constituído pela base de recursos naturais, renováveis e não renováveis, pela biodiversidade, e a capacidade de absorção de dejetos dos ecossistemas. Dentro do conceito de sustentabilidade forte, todos os níveis de recursos devem ser mantidos e não reduzidos, e no conceito de sustentabilidade fraca se admite a troca entre os diferentes tipos de capitais, na medida em que se mantenha constante o seu estoque (Turner et al., 1993).

Segundo Hardi e Barg (1997), essas abordagens partem da premissa de que o capital natural não deve ser tratado independentemente do sistema todo, mas sim como parte integrante do mesmo. Na abordagem de MacNeill e coautores (1991) a integração entre ambiente e a economia deve ser alcançada dentro do processo decisório, dentro dos diferentes setores como governo, indústria e ambiente doméstico, se o desejo é alcançar a sustentabilidade.

Em resposta às críticas constantes dos ambientalistas que afirmavam que os economistas utilizavam sistemas de contas incompletos e que desconsideravam ou consideravam indevidamente o capital natural, eles desenvolveram novos sistemas expandidos de contas para os sistemas nacionais. Alguns desses sistemas serão explorados depois neste livro.

Também dentro da dimensão econômica, Bartelmus (1995) discute a sustentabilidade a partir da contabilidade e da responsabilidade. Para ele a contabilidade é pré-requisito para a gestão racional do meio ambiente e da economia. O autor faz uma crítica dos meios convencionais de contabilidade na área financeira que procuram medir a riqueza de um país, e mostra os modelos que vêm sendo utilizados para ajuste das contas de um país. Os meios tradicionais para medir custo e capitais, os sistemas nacionais de contas, têm falhado por negligenciar, por um lado, a escassez provocada pela utilização de recursos naturais, que prejudica a produção sustentável da economia, e, por outro, a degradação da qualidade ambiental e as consequências que ela tem sobre a saúde e o bem-estar humanos. Adicione-se o fato de que gastos realizados para manutenção da qualidade ambiental são contabilizados como incremento nas receitas e produtos nacionais, sendo que essas despesas poderiam ser consideradas custo de manutenção da sociedade.

Para Bartelmus (1995) sistemas de contas integradas podem ser utilizados para avaliar dois aspectos da política econômica: a sustentabilidade do crescimento econômico, e a distorção estrutural da economia provocada pela produção e padrões de consumo doentios.

A elaboração de políticas macroeconômicas deve reorientar o processo de desenvolvimento para um padrão sustentável pela internalização dos custos nos orçamentos de consumo doméstico e nos empreendimentos. O autor coloca a necessidade de suplantar os modelos tradicionais, que medem crescimento e performance da economia, por indicadores que incorporem a variável ambiental. A expansão do modelo de mensuração pode emitir os sinais de alarme necessários para reorientar a direção econômica rumo ao crescimento sustentável. Ele considera que uma análise mais detalhada da sustentabilidade, mesmo em relação à produção e ao consumo, naturalmente deve considerar os fatores de capital humano e social, bem como seus efeitos sobre o progresso técnico, a substituição de bens e serviços e os desastres naturais.

Bartelmus (1995) revela que os mecanismos de comando e controle são ineficientes na proteção ambiental e na conservação de recursos naturais e que a aplicação de instrumentos de mercado pode se dar por taxas sobre efluentes emitidos, comércio de poluição, entre outros. Esses instrumentos procuram internalizar elementos externos da economia de modo a prover uma ótima alocação de recursos escassos. Sistemas de contabilidade integrada podem fornecer ajuda para esses instrumentos para medir o nível apropriado dos incentivos fiscais (subsídios) ou desincentivos (taxas).

Para Bartelmus, a valoração monetária e econômica alcança seus limites quando se afasta dos resultados das atividades e processos humanos. A equidade, as aspirações culturais e a estabilidade política são elementos difíceis de quantificar, mesmo em termos físicos, e virtualmente impossíveis de reduzir em termos monetários, e para ele um conceito de desenvolvimento deve cobrir todos estes aspectos. O foco político da valoração monetária do crescimento econômico tem sido muito criticado pelos defensores de um tipo de desenvolvimento multiorientado. Existe uma crescente percepção de que é necessário considerar no planejamento, nas políticas e na ação em longo prazo aspectos não monetários, demográficos, sociais e ambientais para realmente se alcançar a sustentabilidade.

Dahl (1997) critica a linha teórica que advoga a manutenção do capital total, que considera o capital natural substituível pelo capital intelectual. Ele rechaça a utilização da monetarização pura e a criação e a utilização de indicadores únicos, argumentando que o mercado não atende a todas as necessidades humanas e sociais. Faz ainda um alerta sobre a importância das dimensões sociais no conceito de sustentabilidade e a necessidade da utilização de indicadores relativos a aspectos sociais, como educação, sociedade civil e outros, quando se pretende avaliar o desenvolvimento sustentável.

Sustentabilidade da perspectiva social

Na sustentabilidade observada da perspectiva social a ênfase é dada à presença do ser humano na ecosfera. A preocupação maior é com o bem-estar humano, a condição humana e os meios utilizados para aumentar a qualidade de vida dessa condição. Rutherford (1997) argumenta, utilizando um raciocínio econômico, que se deve preservar o capital social e humano e que o aumento desse montante de capital deve gerar dividendos. Claramente, como já foi amplamente discutido, o conceito de bem-estar não é fácil de construir nem medir. A questão da riqueza é importante, mas é apenas parte do quadro geral da sustentabilidade.

Acesso a serviços básicos, água limpa e tratada, ar puro, serviços médicos, proteção, segurança e educação pode estar ou não relacionado com os rendimentos ou a riqueza da sociedade. Para Sachs (1997), a sustentabilidade social refere-se a um processo de desenvolvimento que leve a um crescimento estável com distribuição equitativa de renda, gerando, com isso, a diminuição das atuais diferenças entre os diversos níveis na sociedade e a melhoria das condições de vida das populações.

Sustentabilidade da perspectiva ambiental

Para Rutherford (1997), na sustentabilidade da perspectiva ambiental a principal preocupação é relativa aos impactos das atividades humanas sobre o meio ambiente. Ela é expressa pelo que os economistas chamam de capital natural. Nessa visão, a produção primária, oferecida pela natureza, é a base fundamental sobre a qual se assenta a espécie humana. Foram os ambientalistas, atores dessa abordagem, que desenvolveram o modelo denominado *pressure, state e response* (PSR) para indicadores ambientais e que o defendem para as outras esferas.

Sustentabilidade ecológica significa ampliar a capacidade do planeta pela utilização do potencial encontrado nos diversos ecossistemas, ao mesmo tempo em que se mantém a sua deterioração em um nível mínimo. Deve-se reduzir a utilização de combustíveis fósseis, diminuir a emissão de substâncias poluentes, adotar políticas de conservação de energia e de recursos, substituir recursos não renováveis por renováveis e aumentar a eficiência em relação aos recursos utilizados (Sachs, 1997).

Sustentabilidade das perspectivas geográfica e cultural

A sustentabilidade geográfica pode ser alcançada por meio de uma melhor distribuição dos assentamentos humanos e das atividades econômicas.

Deve-se procurar uma configuração rural-urbana mais adequada para proteger a diversidade biológica, ao mesmo tempo em que se melhora a qualidade de vida das pessoas.

Por último, a sustentabilidade cultural, a mais difícil de ser concretizada segundo Sachs (1997), está relacionada ao caminho da modernização sem o rompimento da identidade cultural dentro de contextos espaciais específicos. Para Sachs (1997), o conceito de desenvolvimento sustentável refere-se a uma nova concepção dos limites e ao reconhecimento das fragilidades do planeta, ao mesmo tempo em que enfoca o problema socioeconômico e da satisfação das necessidades básicas das populações.

Como se observa, existe uma variedade de aspectos relacionados às diferentes dimensões da sustentabilidade. Muito embora o ponto de partida das diversas abordagens seja distinto, existe um reconhecimento de que há um espaço de interconexão ou interseção entre os diferentes campos.

Como já descrito, alguns autores destacam outras dimensões da sustentabilidade. A utilização seletiva das dimensões por parte dos autores pode estar relacionada aos campos do ambientalismo que foram apresentados no quadro 3. Entretanto, as dimensões envolvidas no processo de desenvolvimento sustentável, juntamente com o quadro sobre as raízes ideológicas de cada campo do ambientalismo, podem ser úteis na comparação ou avaliação de experiências desse tipo.

Alcançar o progresso em direção à sustentabilidade é claramente uma escolha da sociedade, das organizações, das comunidades e dos indivíduos. Como envolve diversas escolhas, a mudança só é possível se existir grande envolvimento da sociedade. Em resumo, o desenvolvimento sustentável força a sociedade a pensar em termos de longo prazo e reconhecer o seu lugar dentro da biosfera. O conceito fornece uma nova perspectiva de se observar o mundo e ela tem mostrado que o estado atual da atividade humana é inadequado para preencher as necessidades vigentes. Além disso, está ameaçando seriamente a perspectiva de vida das futuras gerações.

Os objetivos do desenvolvimento sustentável desafiam as instituições contemporâneas. Elas têm reagido às mudanças globais relutando em reconhecer que esse processo esteja realmente ocorrendo. As diferenças em relação ao conceito de desenvolvimento sustentável são tão grandes que não existe um consenso sobre o que deve ser sustentado e tampouco sobre o que o termo sustentar significa. Consequentemente, não existe consenso sobre como medir a sustentabilidade. Infelizmente, para a maioria dos autores anteriormente citados, sem uma definição operacional minimamente aceita torna-se impossível traçar estratégias e acompanhar o sentido e a direção do progresso.

Todas as definições e ferramentas relacionadas à sustentabilidade devem considerar o fato de que não se conhece totalmente como o sistema opera. Pode-se apenas descobrir os impactos ambientais decorrentes de atividades e a interação com o bem-estar humano, com a economia e o meio ambiente. Em geral se sabe que o sistema interage entre as diferentes dimensões mas não se conhece especificamente o impacto dessas interações.

Todos os aspectos anteriormente apresentados mostram a diversidade e a complexidade do termo desenvolvimento sustentável. Apesar da dificuldade que essas características conferem ao estudo do desenvolvimento sustentável, a diversidade desse conceito deve servir não como obstáculo na procura de seu melhor entendimento, mas, sim, como fator de motivação e também como criador de novas visões sobre ferramentas para descrever a sustentabilidade.

Capítulo 4

Indicadores de desenvolvimento sustentável

Apesar do baixo nível de consenso sobre o conceito de desenvolvimento sustentável, há a necessidade de se desenvolver ferramentas que procurem mensurar a sustentabilidade. Neste capítulo esse aspecto é abordado, discutindo o que são indicadores num sentido mais amplo, indicadores de sustentabilidade especificamente, quais as necessidades de se desenvolver indicadores relacionados ao desenvolvimento sustentável e as suas vantagens e limitações.

Indicadores: principais aspectos

Antes de abordar os indicadores relacionados à sustentabilidade é necessário compreender melhor o significado de indicadores de uma maneira mais geral. As definições mais comuns de indicadores e a terminologia associada a essa área são particularmente confusas. Para Bakkes e colaboradores (1994) é necessário alcançar maior clareza e consenso nessa área, tanto em relação à definição de indicadores quanto a outros conceitos associados como: índice, meta e padrão.

O termo indicador é originário do latim *indicare*, que significa descobrir, apontar, anunciar, estimar (Hammond et al., 1995). Os indicadores podem comunicar ou informar sobre o progresso em direção a uma determinada meta, como, por exemplo, o desenvolvimento sustentável, mas também podem ser entendidos como um recurso que deixa mais perceptível uma tendência ou fenômeno que não seja imediatamente detectável (Hammond et al., 1995).

A definição de McQueen e Noak (1988) trata um indicador como uma medida que resume informações relevantes de um fenômeno particular ou um substituto dessa medida, semelhante ao conceito de Holling (1978) de que um indicador é uma medida do comportamento do sistema em termos de atributos expressivos e perceptíveis.

Para a OECD (1993), um indicador deve ser entendido como um parâmetro, ou valor derivado de parâmetros que apontam e fornecem informações sobre o estado de um fenômeno, com uma extensão significativa.

Algumas definições colocam um indicador como uma variável que está relacionada hipoteticamente com outra variável estudada, que não pode ser diretamente observada (Chevalier et al., 1992). Essa também é a opinião de Gallopin (1996), que afirma que os indicadores, num nível mais concreto, devem ser entendidos como variáveis.

Uma variável é uma representação operacional de um atributo (qualidade, característica, propriedade) de um sistema. Ela não é o próprio atributo ou atributo real mas uma representação, imagem ou abstração dele. Quanto mais próxima a variável se coloca do atributo em si ou reflete o atributo ou a realidade, e qual o seu significado ou as suas significância e relevância para a tomada de decisão, é consequência da habilidade do investigador e das limitações e propósitos da investigação.

Aqui, qualquer variável e, consequentemente, qualquer indicador, descritivo ou normativo, têm uma significância própria. A mais importante característica do indicador, quando comparado com os outros tipos ou formas de informação, é a sua relevância para a política e para o processo de tomada de decisão. Para ser representativo, o indicador tem de ser considerado importante tanto pelos tomadores de decisão quanto pelo público (Gallopin, 1996).

Segundo Gallopin (1996), os indicadores mais desejados são aqueles que resumam ou, de outra maneira, simplifiquem as informações relevantes, façam com que certos fenômenos que ocorrem na realidade se tornem mais aparentes, aspecto que é particularmente importante na gestão ambiental. Nessa área é necessário especificamente que se quantifiquem, se meçam e se comuniquem ações relevantes. Como já observado, a emergência da temática ambiental está fortemente relacionada à falta de percepção da ligação existente entre ação humana e suas consequências, no caso específico deste livro, no que se refere à degradação ambiental.

Tunstall (1994, 1992) observa os indicadores a partir de suas funções, que são mostradas no quadro 5.

O objetivo dos indicadores é agregar e quantificar informações de modo que sua significância fique mais aparente. Eles simplificam as informações sobre fenômenos complexos tentando melhorar com isso o processo de comunicação. Indicadores podem ser quantitativos ou qualitativos, existindo autores que defendem que os mais adequados para avaliação de experiências de desenvolvimento sustentável deveriam ser mais qualitativos, em função das limitações explícitas ou implícitas que existem em relação a indicadores simplesmente numéricos. Entretanto, em alguns casos, avaliações qualitativas podem ser transformadas numa notação quantitativa. Os indicadores qualitativos, para Gallopin (1996), são preferíveis aos quantitativos em pelo menos três casos específicos: quando não forem disponíveis informações quantitativas; quando o atributo de interesse é inerentemente não quantificável; quando determinações de custo assim o obrigarem.

Quadro 5

As principais funções dos indicadores

▼ Avaliação de condições e tendências.
▼ Comparação entre lugares e situações.
▼ Avaliação de condições e tendências em relação às metas e aos objetivos.
▼ Prover informações de advertência.
▼ Antecipar futuras condições e tendências.

Fonte: Tunstall (1994).

Embora muitas vezes os indicadores sejam apresentados na forma gráfica ou estatística, são basicamente distintos dos dados primários. Dados são medidas, ou observações no caso de dados qualitativos, dos valores da variável em diferentes tempos, locais, população ou a sua combinação (Gallopin, 1996).

A partir de um certo nível de agregação ou percepção, indicadores podem ser definidos como variáveis individuais ou uma variável que é função de outras variáveis. A função pode ser simples como: uma relação, que mede a variação da variável em relação a uma base específica; um índice, um número simples que é uma função simples de duas ou mais variáveis; ou complexa, como o resultado de um grande modelo de simulação.

A relação entre dados primários e indicadores no que é denominada pirâmide de informações (Hammond et al., 1995) é apresentada na figura 2.

Indicadores podem adotar diferentes significados. Alguns termos normalmente utilizados são norma, padrão, meta e objetivo. Nos indicadores de desenvolvimento sustentável pode-se afirmar que os conceitos de padrão e norma são semelhantes. Eles referem-se fundamentalmente a valores estabelecidos ou desejados pelas autoridades governamentais ou obtidos por um consenso social, são utilizados dentro de um senso normativo, um valor técnico de referência. As metas, por outro lado, representam uma intenção, valores específicos a serem alcançados. Normalmente são estabelecidas a partir do processo decisório, dentro de uma expectativa que seja de alguma maneira alcançável. Os progressos no sentido do alcance das metas devem ser observáveis ou mensuráveis. Muito embora alguns usem os termos metas e objetivos de uma forma intercambiável, de maneira geral os objetivos são usualmente qualitativos indicando mais uma direção do que um estado específico. O fim a ser alcançado, por exemplo, pode ser o de melhorar a qualidade ambiental.

Figura 2
Pirâmide de informações

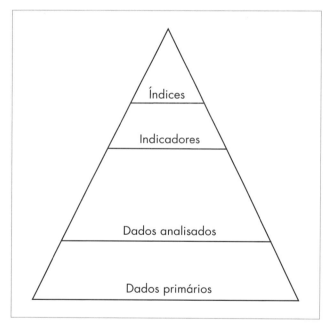

Fonte: Hammond et al. (1995).

Meadows (1998) afirma que a utilização de indicadores é uma maneira intuitiva de monitorar complexos sistemas, que a sociedade considera importantes e precisa controlar. Ela também usa a analogia do termômetro utilizado para medir a temperatura do paciente e, mesmo não medindo um sistema específico do corpo humano, é capaz de transmitir uma informação sobre a sua saúde. Existem muitas palavras para denominar indicadores: sinal, sintoma, diagnóstico, informação, dado, medida. Eles são elementos importantes da maneira como a sociedade entende seu mundo, toma suas decisões e planeja a sua ação. Para a autora os valores, e logicamente os indicadores, estão inseridos dentro de culturas específicas. Indicadores podem ser ferramentas de mudança, de aprendizado e de propaganda. Sua presença afeta o comportamento das pessoas. A sociedade mede o que ela valoriza e aprende a valorizar aquilo que ela mede. Essa retroalimentação é comum, inevitável e útil, mas também cheia de armadilhas, ainda segundo a autora.

Os indicadores são de fato um modelo da realidade, mas não podem ser considerados a própria realidade, entretanto devem ser analiticamente legítimos e construídos dentro de uma metodologia coerente de mensuração. Eles são, segundo Hardi e Barg (1997), sinais referentes a eventos e sistemas complexos. São pedaços de informação que apontam para características dos sistemas, realçando o que está acontecendo. Os indicadores são utilizados para simplificar informações sobre fenômenos complexos e para tornar a comunicação sobre eles mais compreensível e quantificável.

Componentes e características de indicadores de sustentabilidade

Da discussão anterior observam-se definições distintas de indicadores para diferentes autores e por isso a necessidade, pela falta de consenso, de desenvolver uma definição mais rigorosa e unificada de indicador no que se refere à temática ambiental. A grande maioria dos sistemas de indicadores existentes e utilizados foi desenvolvida por razões específicas: são ambientais, econômicos, de saúde e sociais e não podem ser considerados indicadores de sustentabilidade em si. Entretanto, eles muitas vezes possuem um potencial representativo dentro do contexto do desenvolvimento sustentável.

Os problemas complexos do desenvolvimento sustentável requerem sistemas interligados, indicadores inter-relacionados ou a agregação de diferentes indicadores. Existem poucos sistemas de indicadores que lidam especificamente com o desenvolvimento sustentável, em sua maioria em caráter experimental, e foram desenvolvidos com o propósito de melhor compreender os fenômenos relacionados à sustentabilidade.

Para Gallopin (1996), os indicadores de sustentabilidade podem ser considerados os componentes da avaliação do progresso em relação a um desenvolvimento dito sustentável. Para ele, a utilização de indicadores de sustentabilidade deve se dar em função da sua disponibilidade e custo de obtenção.

Ainda para o autor, na avaliação de programas de desenvolvimento sustentável, os indicadores devem ser selecionados em diferentes níveis hierárquicos de percepção. Algumas vezes se assume que indicadores devem ser desenvolvidos necessariamente a partir da agregação de dados ou variáveis de nível mais baixo, como a abordagem da pirâmide de informações da OECD, apresentada na figura 2. Embora essa estratégia tenha sido normalmente utilizada, não deve ser exclusiva, uma vez que pode descartar considerações importantes sobre a potencialidade de outras metodologias e tipos de indicadores envolvidos. Diferentes tipos de indicadores podem ser relevantes em diferentes escalas e, para o autor, também podem perder o seu sentido quando utilizados sem o devido cuidado em escalas não apropriadas.

Outro aspecto na discussão dos indicadores relacionados ao desenvolvimento sustentável é a dimensão do tempo. Segundo Dahl (1997), os indicadores podem ser escalares ou vetoriais. Um número de indicadores apresentado simultaneamente, mas não agregado, para dar um retrato das condições ambientais, pode ser denominado um vetor. Um vetor consiste na generalização de uma variável. Por outro lado, um índice escalar é um simples número gerado da agregação de dois ou mais valores.

Os vetores têm magnitude e direção, são dados bidirecionais. Podem ser apresentados graficamente, onde o tamanho do vetor indica a magnitude e sua direção pode ser visualizada diretamente. A vantagem de utilizar indicadores expressos como vetores é poder expressar a realidade de uma maneira gráfica, bem como as tendências no futuro. O vetor, por trabalhar com duas dimensões, tem a capacidade de retratar melhor a realidade. Vetores que expressem a direção do movimento rumo a uma meta, e a velocidade desse movimento, podem fornecer uma maneira de ilustrar o conceito de sustentabilidade sem cair em julgamentos de valor sobre o desenvolvimento. Esses indicadores podem permitir aos países que definam o modelo ideal de uma sociedade futura, bem como relatar onde tem sido feito progresso em direção à sustentabilidade e em que taxa. Cada um dos tipos de indicadores tem suas vantagens e desvantagens.

Enquanto os defensores das medidas vetoriais argumentam que a complexidade do sistema pode ser mais bem apreendida a partir de medidas vetoriais, os estudiosos que utilizam índices argumentam que a simplificação é uma das maiores vantagens da utilização de medidas escalares. Deve ser observado que medidas tipo perfil (vetorial) oferecem uma visão não só das unidades utilizadas na sua composição como do todo (*Gestalt*).

Esse aspecto holístico levanta uma importante questão para Gallopin (1996), que é a da melhor estrutura em termos de perfil para que se possa entender o todo quando se discute a questão da sustentabilidade. Outra vantagem levantada pelo autor na utilização de perfil é a possibilidade de usar ferramentas matemáticas da álgebra abstrata e análise vetorial para melhor compreender o todo.

Quando se discutem a sustentabilidade e seus indicadores, deve-se ter em vista que julgamentos de valor estão sempre presentes nos sistemas de avaliação, nos diferentes níveis e dimensões existentes. Dentro do contexto do desenvolvimento sustentável eles podem ser implícitos ou explícitos. Julgamentos de valor explícitos são aqueles tomados conscientemente e compreendem uma parte fundamental do processo de criação de indicadores, mas os valores implícitos também estão incluídos nesse processo. Os julgamentos de valor explícitos podem aparecer da seguinte maneira na utilização dos indicadores: diretamente no processo de observação ou medição, como, por exemplo, por meio de preferências estéticas; adicionados à medida observada, por meio da limitação imposta pelos padrões legais ou metas desejáveis; pelos pesos atribuídos a diferentes indicadores dentro de um sistema agregado.

Os julgamentos de valor implícitos decorrem de aspectos que não são facilmente observáveis e que são, na sua maioria, inconscientes e relacionados a características pessoais e de uma determinada sociedade (cultura). A mensuração da influência dos fatores implícitos é difícil de avaliar e afeta de qualquer maneira o processo de formulação dos indicadores.

Existe uma grande diferença entre as diversas esferas em que se mede a sustentabilidade — mundial ou global, nacional, regional, local ou comunitária —, resultado dos mais diversos fatores culturais e históricos, que implicam os valores que predominam nessas esferas. Muito embora não se possa evitar esse aspecto, deve-se reconhecer que ele está sempre presente e procurar torná-lo o mais explícito possível.

Outro aspecto amplamente discutido em relação a indicadores, mais especificamente no que se refere aos que procuram avaliar experiências de desenvolvimento sustentável, é a questão da agregação dos dados na sua formulação. Wall e colaboradores (1995) observam que, muito embora indicadores altamente agregados sejam necessários para aumentar o grau de conhecimento e consciência a respeito dos problemas ambientais, indicadores desagregados são, ainda assim, essenciais para que se possa tomar iniciativas específicas de ação. Esse dilema é particularmente importante, segundo os autores, em sistemas de indicadores altamente agregados que não têm uma subestrutura de informações desagregada. A partir de uma informação fornecida pelo indicador não é possível adotar medidas de correção dentro de áreas específicas.

Segundo Bossel (1999) quanto mais agregado é um indicador, mais distante dos problemas em particular e maiores as dificuldades de articular estratégias de ação referentes a problemas específicos. Indicadores altamente agregados têm também maior probabilidade de possuir problemas conceituais.

Os índices agregados são um aperfeiçoamento, mas o processo de transformar dados em índices agregados pode conter sérios problemas. Na tentativa de resolver esses problemas ou refinar seus índices, alguns sistemas foram desenvolvidos para melhor retratar o bem-estar humano. Um dos exemplos citados pelo autor é o *index of sustainable economic welfare* (Isew) que depois envolveu o *genuine progress indicator* (GPI). Trata-se na verdade da correção do produto interno bruto (PIB) subtraindo os fluxos econômicos que são considerados indesejáveis pela sociedade. Outro exemplo de índice agregado é o *human development index* (HDI), que inclui alfabetização e expectativa de vida. Novamente são melhorias substanciais mas não resolvem um problema fundamental que existe nos indicadores agregados: o obscurecimento de informações que ameaça a visualização da saúde efetiva do sistema, mascarando alguns setores e realçando outros. Os indicadores são ainda mais questionáveis quando a agregação leva a índices que condensam esferas de avaliação totalmente distintas.

Entretanto, a necessidade de indicadores com um certo grau de agregação é imprescindível para monitoramento da questão da sustentabilidade. As informações devem ser agregadas, mas os dados devem ser estratificados em termos de grupos sociais ou setores industriais ou de distribuição espacial. A generalização deve atender à regra geral de que o indicador consiga capturar eventuais problemas de uma maneira clara e concisa.

Em resposta aos problemas existentes na agregação de indicadores, alguns pesquisadores têm preferido utilizar sistemas ou listas de indicadores que estão relacionados a problemas específicos de determinada área que esteja sendo investigada. Embora para Bossel (1999) esse aspecto seja positivo em relação aos índices altamente agregados, esses sistemas estão sujeitos a uma série de críticas.

Em relação às funções dos indicadores, Hardi e Barg (1997) afirmam que podem ser divididos em dois grupos: indicadores sistêmicos e de performance. Os indicadores sistêmicos, ou descritivos, traçam um grupo de medidas individuais para diferentes questões características do ecossistema e do sistema social e comunicam as informações mais relevantes para os tomadores de decisão. Indicadores sistêmicos estão fundamentados em referenciais técnicos.

Devido às incertezas naturais, entretanto, os sistemas são apenas parcialmente ratificados pela ciência e também pelo processo político. Assim, as ferramentas de avaliação são resultantes de um compromisso entre a exatidão científica e a necessidade de tomada de decisão, em função do caráter urgente da ação. Essa limitação pode ser facilmente observável no campo social, onde muitas variáveis não são quantificáveis e não podem ser definidas em termos físicos.

Já os indicadores de performance são ferramentas para comparação, que incorporam indicadores descritivos e referências a um objetivo político específico. Fornecem aos tomadores de decisão informações sobre o grau de sucesso na realização de metas locais, regionais, nacionais ou internacionais. São utilizados dentro de diversas escalas, no campo da avaliação política e no processo decisório.

Os índices de sustentabilidade também são indicadores que condensam informações obtidas pela agregação de dados. São necessários no nível mais alto de tomada de decisão, uma vez que são mais fáceis de entender e utilizar no processo decisório. Um dos exemplos mais comuns de índice, que neste caso não está ligado à gestão ambiental, é o PIB. Outro índice que tem ganhado relevância é o HDI da ONU.

No processo de desenvolvimento de um índice os diferentes indicadores que fazem parte do mesmo devem ser ponderados. O peso ou a ponderação no caso do PIB se refere ao valor monetário que é atribuído a cada produto. Entretanto, quando se consideram aspectos ambientais e sociais, essa monetarização ou ponderação não é muito simples. Mas a crescente utilização de indicadores mostra que eles são importantes ferramentas para a tomada de decisão e para melhor compreender e monitorar as tendências, e, portanto, úteis na identificação dos dados mais relevantes e no estabelecimento de sistemas conceituais para a compilação e análise de dados.

Para Gallopin (1996) existe a necessidade de identificar as interligações entre os diversos aspectos relacionados ao conceito do desenvolvimento sustentável. A partir da identificação dessas conexões deve-se procurar soluções integradas para problemas que estão relacionados. Existe a necessidade de identificar vínculos entre as variáveis para que se possa entender o sistema como um todo. Mais uma vez é ressaltada a diferença entre índices altamente agregados, que ajudam na avaliação do progresso em direção ao desenvolvimento sustentável, mas que não são eficazes para entender, prevenir e antecipar ações. Para isso é necessário estabelecer as relações que existem entre as diferentes variáveis que definem os indicadores. Isso só é possível com mais pesquisas, empíricas e teóricas, para auxiliar na compreensão do funcionamento dos complexos sistemas socioecológicos para que se identifiquem seus mecanismos, atributos e medidas.

Alguns sistemas de indicadores têm sido desenvolvidos para utilização em escala nacional, mas uma das barreiras ao seu uso é a grande heterogeneidade existente entre os diversos países em relação a alguns elementos essenciais específicos, como nível de industrialização, estrutura econômica, espaço geográfico, entre outros. Gallopin (1996) apresenta o exemplo da qualidade do ar num determinado país afirmando que é muito difícil determinar o que esse indicador isoladamente representa. Por isso, os maiores esforços em termos de desenvolvimento de indicadores têm sido concentrados em métodos aplicáveis nos níveis subnacional, regional e local.

Para ele um pré-requisito fundamental para a utilização e aceitação de sistemas de indicadores, muitas vezes negligenciado, é a necessidade de que sejam compreensíveis. Indicadores devem ser meios de comunicação e toda forma de comunicação requer entendimento entre os participantes do processo. Por isso, os sistemas de indicadores devem ser os mais transparentes possíveis, e seus usuários devem ser estimulados a compreender seu significado e sua significância dentro de seus próprios valores.

Dentro desses princípios o autor sugere que sistemas de indicadores de desenvolvimento sustentável devem seguir alguns requisitos universais:

- os valores dos indicadores devem ser mensuráveis (ou observáveis);
- deve existir disponibilidade dos dados;
- a metodologia para a coleta e o processamento dos dados, bem como para a construção dos indicadores, deve ser limpa, transparente e padronizada;
- os meios para construir e monitorar os indicadores devem estar disponíveis, incluindo capacidade financeira, humana e técnica;
- os indicadores ou grupo de indicadores devem ser financeiramente viáveis; e
- deve existir aceitação política dos indicadores no nível adequado; indicadores não legitimados pelos tomadores de decisão são incapazes de influenciar as decisões.

Outro aspecto importante ressaltado por Gallopin (1996) é o da participação. Ela constitui elemento fundamental e requerido na utilização de sistemas de indicadores, tanto nas políticas públicas quanto na sociedade civil, reforçando a legitimidade dos próprios sistemas, a construção do conhecimento e a tomada de consciência sobre a realidade ambiental.

Para Jesinghaus (1999) a seleção de indicadores relacionados à sustentabilidade deve ocorrer em três estágios. O primeiro estágio, denominado preparatório, concentra-se nas seguintes questões: preparar um relatório com a estrutura do projeto e suas estratégias; estabelecer as responsabilidades na gestão do projeto; preparar o plano do projeto; identificar os critérios de seleção de indicadores; selecionar as áreas abordadas e os indicadores preliminares.

Para ele o estágio preparatório da seleção de indicadores deve ser dirigido por especialistas. Embora a participação pública e de outros atores sociais, em estágios posteriores, forneça poder de alterar a lista, os especialistas devem ter um impacto maior na recomendação das questões-chave e indicadores de base, bem como da metodologia para a utilização dos indicadores.

Dadas as diferentes interpretações do desenvolvimento sustentável e as preferências dos diversos membros, um consenso deve ser alcançado na maioria das questões críticas que afetam a sustentabilidade da comunidade envolvida, para uma pequena cidade ou para uma nação. Isso deve levar a um grupo de prioridades. A próxima tarefa é estabelecer os objetivos e cronogramas. A terceira etapa trata do processo de institucionalização do grupo de indicadores, dos mecanismos para sua atualização e das revisões periódicas, da legitimação das metas e dos meios, da alocação de recursos financeiros e humanos e da aprovação pelas autoridades legislativas (Jesinghaus, 1999).

Um importante elemento na seleção dos indicadores é quem e como são selecionados e para isso existem duas abordagens dominantes: a *top--down* e a *bottom-up*. Na abordagem *top-down* os especialistas e pesquisadores definem tanto o sistema quanto o grupo de indicadores a ser utilizado pelas diferentes audiências e tomadores de decisão, que podem adaptar o sistema às condições locais, mas não têm poder de definir o sistema nem de modificar os indicadores. A maioria dos esforços internacionais como o da Comissão de Desenvolvimento Sustentável das Nações Unidas usa essa abordagem. A expectativa desses sistemas é de que possam ser utilizados dentro das subunidades do sistema, como estados e municípios. A vantagem dessa abordagem é que fornece uma aproximação cientificamente mais homogênea, mais válida em termos de indicadores e índices. A desvantagem é que o sistema não tem nenhum contato direto com as prioridades das comunidades e não considera as limitações de recursos naturais.

Já na abordagem *bottom-up* os temas de mensuração e os grupos de indicadores são selecionados a partir de um processo participativo que se inicia com a opinião dos diversos atores sociais envolvidos, como líderes, tomadores de decisão, comunidade, e finaliza com a consulta a especialistas. A maioria das iniciativas regionais adota essa abordagem. A vantagem é que a comunidade realmente adota o projeto, bem como são estabelecidas as prioridades e a escassez para o sistema envolvido. A limitação é seu foco estreito, que pode levar à omissão de aspectos que são essenciais à sustentabilidade.

A situação ótima, para Jesinghaus (1999), é aquela em que a comunidade seleciona as questões prioritárias num processo participativo, envolvendo vários atores, e incorpora-as num sistema desenvolvido por especialistas. Uma das mais promissoras iniciativas é a experiência canadense de avaliação realizada em British Columbia que mostra a viabilidade desse método.

Para Rutherford (1997), quando se trata de metodologias que pretendem avaliar a sustentabilidade, deve-se atentar que os melhores métodos são os rapidamente reconhecidos como realmente significantes para alcançar um determinado objetivo político. Se esses métodos têm um alto índice de agregação ou referem-se simplesmente a uma gama de variáveis, não importa para o tomador de decisão. Inevitavelmente o número de indicadores reconhecidos e utilizados deve ser pequeno a qualquer tempo, embora a composição do grupo deva variar com o tempo em atenção a determinados problemas e questões. Mesmo que não se possa definir objetivamente um nível crítico da atividade humana, por causa da complexidade dos sistemas que interagem, é possível estabelecer certos níveis de atividade a partir de processos democráticos e de consenso. A diferença, segundo Moldan e Bilharz (1997), é que na visão dos cientistas existe uma diversidade entre valores críticos e metas. As metas são resultado do processo político e, portanto, definidas por métodos diferentes dos existentes nas ciências naturais. Moldan e Bilharz (1997) lançam a proposta da existência de diferentes níveis de metas (recomendado, perigoso, proibido, punível, fatal etc.) e as diferenças entre elas vistas como um fenômeno decorrente das diversidades das condições culturais, econômicas, sociais e outras.

O importante que se observa a partir da discussão sobre indicadores relacionados à avaliação de sustentabilidade é a necessidade que eles têm de ser holísticos, representando diretamente as propriedades do sistema total e não apenas elementos e interconexões dos subsistemas.

Vantagens e necessidade da formulação e aplicação de indicadores de sustentabilidade

A Conferência Internacional da Organização das Nações Unidas sobre Meio Ambiente e Desenvolvimento, realizada no Rio de Janeiro, adotou a *Agenda 21* para transformar o desenvolvimento sustentável em uma meta global aceitável. Para colocar a sustentabilidade em prática e adotar os princípios da *Agenda 21*, criou a Comissão de Desenvolvimento Sustentável (Commission on Sustainable Development — CSD), cuja maior responsabilidade é monitorar os progressos que foram feitos no caminho de um futuro sustentável.

As necessidades de desenvolver indicadores de desenvolvimento sustentável estão expressas na própria *Agenda 21* em seus capítulos 8 e 40. A CSD, depois da conferência no Rio de Janeiro, adotou um programa de cinco anos para criar instrumentos apropriados para os tomadores de decisão no nível nacional no que se refere ao desenvolvimento sustentável.

Um dos aspectos levantados nos primeiros encontros da CSD foi a necessidade de criar padrões que sirvam de referência para medir o progresso da sociedade em direção ao que se convencionou chamar de um futuro sustentável (Moldan e Bilharz, 1997). É necessário trabalhar com uma unidade para medir a proximidade em relação a esse objetivo. Ela deve ser suficientemente ampla para englobar uma gama de fatores que estão relacionados com a sustentabilidade, como os ecológicos, econômicos, sociais, culturais, institucionais e outros.

Em termos do conceito de desenvolvimento sustentável, como já citado, a abordagem pode ser feita a partir de diversos níveis ou esferas específicas. Em termos geográficos pode-se tratar o conceito na esfera mundial, nacional, regional e local; em relação aos aspectos temporais, pode-se abordar o curto, o médio ou o longo prazo; e em termos dos atores envolvidos a ênfase pode ser atribuída ao indivíduo, ao grupo ou à sociedade. Entretanto, segundo a CSD, existe a necessidade de criar uma base comum para que se tenha um denominador para avaliação do grau de sustentabilidade e a maioria dos indicadores existentes não é adequada para alcançar esse objetivo.

Para que o projeto de reflexão e desenvolvimento de indicadores de desenvolvimento sustentável ganhasse maior aceitação política organizou-se um workshop denominado "Indicators for Sustainable Development for Decision Making" (Ghent, 9-11 de janeiro de 1995). Além de especialistas de diversas áreas foram convidados representantes de diversos países e de organizações não governamentais. O objetivo do workshop foi melhorar a comunicação entre políticos e cientistas e chegar a um consenso relativo sobre o tema desenvolvimento sustentável e seus indicadores. Os resultados do workshop acentuaram a necessidade de criação e desenvolvimento de indicadores de sustentabilidade, como é descrito numa das partes do relatório final do evento:

> A utilidade dos indicadores de sustentabilidade, como mencionado na Agenda 21, foi confirmada pelo workshop. Os usos potenciais desses sistemas incluem o alerta aos tomadores de decisão para as questões prioritárias, orientação na formulação de políticas, simplificação e melhora na comunicação e promoção do entendimento sobre tendências-chave fornecendo a visão necessária para as iniciativas de ação nacional.

Dahl (1997) afirma que, dadas a dimensão e a complexidade do objeto, o desenvolvimento sustentável e a sua compreensão com a utilização de indicadores constituem um grande desafio. Os métodos que foram desenvolvidos até agora revelam aspectos diferentes e muitas vezes complementares desse conceito. O autor menciona que o conceito de desenvolvimento sustentável deve ser explorado de forma dinâmica, e o maior desafio de seus indicadores é fornecer um retrato da situação de sustentabilidade, de uma maneira simples, que defina a própria ideia, apesar da incerteza e da complexidade. Dahl ressalta ainda a diferença dos países, a questão da diversidade cultural, o conflito norte-sul e os diferentes graus de desenvolvimento como importantes fatores na construção dos indicadores.

A legitimidade é elemento de importância fundamental na construção de sistemas de indicadores. Para que sejam realmente efetivos no sentido de subsidiar e melhorar o processo decisório, com a incorporação da variável ambiental, os sistemas de avaliação de sustentabilidade devem ter um alto grau de legitimidade.

O próprio processo de desenvolvimento de indicadores de sustentabilidade deve contribuir para uma melhor compreensão do que seja exatamente desenvolvimento sustentável. Os processos de desenvolvimento e avaliação são paralelos e complementares. O trabalho com os indicadores de sustentabilidade pode ajudar a enxergar as ligações dos diferentes aspectos do desenvolvimento dentro dos vários níveis em que eles coexistem e apreciar a complexa interação entre as suas diversas dimensões (Dahl, 1997).

Também o trabalho com os indicadores de sustentabilidade deve proporcionar a transformação do conceito de desenvolvimento sustentável numa definição mais operacional. Para Dahl o objetivo deve ser a redução da distância entre o conceito abstrato e a tomada diária de decisões no processo de desenvolvimento.

Segundo Bossel (1999) o desenvolvimento sustentável necessita de sistemas de informação. Ele afirma que o sistema do qual a sociedade faz parte é formado por inúmeros componentes e não deve ser viável se seus subsistemas funcionarem inadequadamente. O desenvolvimento sustentável só é possível se os componentes do sistema e o sistema como um todo funcionarem de maneira adequada. Existe, para o autor, uma indefinição conceitual sobre a sustentabilidade, entretanto é necessário identificar os elementos principais e selecionar indicadores que forneçam informações essenciais e confiáveis sobre a viabilidade de cada um dos componentes do sistema.

O processo de gestão necessita de mensuração. A gestão de atividades e o processo decisório necessitam de novas maneiras de medir o progresso, e os indicadores são uma importante ferramenta nesse processo. Hardi e Barg (1997) afirmam que existem diversas razões para avaliar o progresso em direção à sustentabilidade, desde a criação de um comprometimento sobre a utilização de recursos naturais de uma maneira mais justa até o compromisso de um governo mais eficiente no que se refere à relação sociedade e meio ambiente. Medições são indispensáveis para que o conceito de desenvolvimento sustentável se torne operacional. Elas podem ajudar os tomadores de decisão e o público em geral a definir os objetivos e as metas do desenvolvimento e permitir a avaliação do desenvolvimento na medida em que alcance ou se aproxime destas metas. A mensuração também auxilia na escolha entre alternativas políticas e na correção da direção política, em alguns casos, em resposta a uma realidade dinâmica. As medidas fornecem uma base empírica e quantitativa de avaliação da performance e permitem comparações no tempo e no espaço, proporcionando oportunidades para descobrir novas correlações.

O objetivo da mensuração é auxiliar os tomadores de decisão na avaliação de seu desempenho em relação aos objetivos estabelecidos, fornecendo bases para o planejamento de futuras ações. Para isso, eles necessitam de ferramentas que conectem atividades passadas e presentes com as metas futuras, e os indicadores são o seu elemento central. Essas medidas são úteis por várias razões.

- ▼ Auxiliam os tomadores de decisão a compreender melhor, em termos operacionais, o que o conceito de desenvolvimento sustentável significa, funcionando como ferramentas de explicação pedagógicas e educacionais.

- ▼ Auxiliam na escolha de alternativas políticas, direcionando para metas relativas à sustentabilidade. As ferramentas fornecem um senso de direção

para os tomadores de decisão e, quando escolhem entre alternativas de ação, funcionam como ferramentas de planejamento.
▼ Avaliam o grau de sucesso no alcance das metas estabelecidas referentes ao desenvolvimento sustentável, sendo essas medidas ferramentas de avaliação.

Para Luxem e Bryld (1997) o desenvolvimento sustentável abrange uma gama de questões e dimensões. Para que se possa organizar a relevância dos indicadores em relação aos seus aspectos específicos, alguns elementos devem ser considerados. O desenvolvimento sustentável deve ser entendido como desenvolvimento econômico progressivo e balanceado, aumentando a equidade social e a sustentabilidade ambiental, e os tomadores de decisão, que atuam nos diferentes níveis de gestão (local, regional, nacional e internacional), precisam de informações nesse processo.

Um dos obstáculos, segundo a própria CSD, é construir um consenso relativo ao conceito de sustentabilidade para iniciar um projeto de indicadores de nível nacional. Deve-se promover a comparabilidade, a acessibilidade e a qualidade dos indicadores. O programa da CSD estabeleceu os elementos que devem ser considerados para o desenvolvimento e a utilização de indicadores de sustentabilidade no nível nacional, mostrados no quadro 6.

Quadro 6

Elementos do programa da CSD para o desenvolvimento de indicadores de sustentabilidade

▼ Melhoria da troca de informações entre os principais atores do processo.
▼ Desenvolvimento de metodologias para serem avaliadas pelos governos.
▼ Treinamento e capacitação nos níveis regional e nacional.
▼ Monitoramento das experiências em alguns países selecionados.
▼ Avaliação dos indicadores e ajustes quando necessários.
▼ Identificação e avaliação das ligações entre os aspectos econômicos, sociais, institucionais e ambientais do desenvolvimento sustentável.
▼ Desenvolvimento de indicadores altamente agregados.
▼ Posterior desenvolvimento de um sistema conceitual de indicadores envolvendo especialistas da área econômica, das ciências sociais, das ciências físicas e da área política incorporando organizações não governamentais e outros setores da sociedade civil.

Fonte: Luxem e Bryld (1997).

Já para Meadows (1998) bons indicadores devem possuir as características do quadro 7.

Quadro 7
Características necessárias para a construção de sistemas de indicadores adequados

- ▼ Devem ser claros nos valores, não são desejáveis incertezas nas direções que são consideradas corretas ou incorretas.
- ▼ Devem ser claros em seu conteúdo, devem ser entendíveis, com unidades que façam sentido.
- ▼ Devem ser suficientemente elaborados para impulsionar a ação política.
- ▼ Devem ser relevantes politicamente, para todos os atores sociais, mesmo para aqueles menos poderosos.
- ▼ Devem ser factíveis, isto é, mensuráveis dentro de um custo razoável.
- ▼ Devem ser suficientes, ou seja, deve-se achar um meio-termo entre o excesso de informações e as informações insuficientes, para que se forneça um quadro adequado da situação.
- ▼ Deve ser possível a sua compilação sem necessidade excessiva de tempo.
- ▼ Devem estar situados dentro de uma escala apropriada, nem super nem subagregados.
- ▼ Devem ser democráticos, as pessoas devem ter acesso à seleção e às informações resultantes da aplicação da ferramenta.
- ▼ Devem ser suplementares, incluir elementos que as pessoas não possam medir por si.
- ▼ Devem ser participativos, no sentido de se utilizar elementos que as pessoas, os atores, possam mensurar, além da compilação e divulgação dos resultados.
- ▼ Devem ser hierárquicos, para que os usuários possam descer na pirâmide de informações se desejarem mas, ao mesmo tempo, transmitir a mensagem principal rapidamente.
- ▼ Devem ser físicos, uma vez que a sustentabilidade está ligada em grande parte a problemas físicos, como água, poluentes, florestas, alimentos. É desejável, na medida do possível, que se meça a sustentabilidade por unidades físicas (toneladas de petróleo e não seu preço, expectativa de vida e não gastos com saúde).
- ▼ Devem ser condutores, ou seja, devem fornecer informações que conduzam à ação.
- ▼ Devem ser provocativos, levando à discussão, ao aprendizado e à mudança.

Fonte: Meadows (1998).

Esta autora afirma que não são necessários apenas indicadores para informar sobre a sustentabilidade de um sistema, mas também sistemas de informações coerentes e adequados, dos quais os indicadores podem ser derivados. Os indicadores são parte de um sistema de informação sobre o desenvolvimento sustentável, que deve coletar e gerenciar informações e fornecê-las para a ferramenta de avaliação.

Moldan e Bilharz (1997) discutem a importância dos indicadores para o processo de tomada de decisão. Decisões são tomadas dentro de todas as esferas da sociedade, e são influenciadas por valores, tradições e por uma série de *inputs* de várias direções. A efetividade e a racionalidade do processo podem ser incrementadas pelo uso apropriado da informação, e os indicadores podem ajudar, fornecendo informações em todas as fases do ciclo do processo decisório. Diversos passos podem ser identificados para o processo de tomada de decisão no contexto da sustentabilidade e de seus indicadores, como o sugerido por Bakkes e coautores (1994): identificação do problema, desenvolvimento de política e controle.

Entretanto, existem esquemas que ilustram de maneira mais clara este processo, como o ciclo sugerido por Moldan e Bilharz (1997), que é mostrado na figura 3.

Figura 3
Ciclo de tomada de decisão

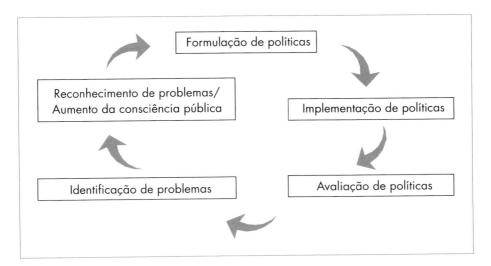

Fonte: Moldan e Bilharz (1997).

Os autores discutem a importância dos indicadores a partir das cinco fases do ciclo de tomada de decisão: identificação do problema; crescimento da consciência, reconhecimento do problema; formulação de política; implementação de política; avaliação.

Para Jesinghaus (1999) existem algumas questões procedimentais que reforçam a necessidade de se desenvolver sistemas de indicadores relacionados à sustentabilidade: necessidade de uma base de dados independente para comparação temporal entre países; necessidade de aumentar a capacidade de monitoramento para coletar e verificar dados e estabelecer padrões claros pelos quais a política possa ser avaliada.

Juntamente a esses aspectos existem elementos institucionais que reforçam esses projetos: assegurar a confiabilidade dos dados e das instituições que fazem a coleta; assegurar a avaliabilidade e a disseminação dos dados e o processo de retroalimentação; estabelecer redes globais e criar fundos para cobrir os custos de mensuração e processamento dos dados.

As ferramentas de avaliação, ou sistemas de indicadores, são úteis para os tomadores de decisão e podem ser utilizadas para o desenvolvimento de políticas, na função de planejamento. Existem outras funções que essas ferramentas cumprem:

▼ função analítica — as medidas ajudam a interpretar os dados dentro de um sistema coerente, agrupando-os em matrizes ou índices;

▼ função de comunicação — as ferramentas tornam os tomadores de decisão familiarizados com os conceitos e os métodos envolvidos com a sustentabilidade. Os indicadores ajudam no estabelecimento de metas e também na avaliação do sucesso em alcançá-las;

▼ função de aviso e mobilização — as medidas ajudam os administradores a colocar os mecanismos de uma forma pública, publicações anuais ou simples relatórios com indicadores-chave;

▼ função de coordenação — um sistema de medidas e de relatórios deve integrar dados de diferentes áreas e coletados por agências distintas. Ele deve ser factível tanto em termos de orçamento quanto em termos de recursos humanos. Deve ser aberto à população, para participação e controle. Essas funções são melhor preenchidas no processo de escolha de indicadores e na fase de implementação quando os tomadores de decisão utilizam as ferramentas de mensuração e os indicadores.

Para Gallopin (1996) a função básica e principal dos indicadores de desenvolvimento sustentável é apoiar e melhorar a política ambiental e o processo de tomada de decisão em diferentes níveis. O maior nível é o global ou internacional. As convenções internacionais referentes a temas específicos como clima, biodiversidade, desertificação, são extremamente importantes e os indicadores podem auxiliar e influenciar no processo decisório, legitimando as próprias convenções. Está mais ou menos claro que sem indicadores que revelem a necessidade de políticas globais em temas específicos a adoção de protocolos internacionais fica muito prejudicada. As agências internacionais têm a função não apenas de identificar e desenvolver indicadores apropriados mas também de torná-los aceitáveis perante a comunidade internacional.

Para Jesinghaus (1999) os programas de avaliação ajudam na especificação de metas e estratégias, e suas bases empíricas e quantitativas de avaliação podem ajudar os tomadores de decisão no que se refere à possibilidade de escolha e de comparações, levando a melhores decisões com base em critérios de sustentabilidade. Isso decorre da comparação do presente com o passado, em função das metas anteriormente estabelecidas e da comparação entre diferentes regiões, com identificação e reflexão sobre tendências a partir da observação dos efeitos de diferentes políticas.

Indicadores expressam um compromisso e, apesar de sua imprecisão, fazem parte do processo de compreensão das relações entre o homem e o meio ambiente dentro do campo do desenvolvimento. Por definição, os indicadores de sustentabilidade são instrumentos imperfeitos e não universalmente aplicáveis, e cada vez mais se torna necessário conhecer as particularidades dos diferentes sistemas, suas características e aplicações.

Limitações dos indicadores de sustentabilidade

Existem várias justificativas para que se desenvolvam sistemas de avaliação de sustentabilidade. A seção anterior mostrou essas justificativas e as características e vantagens dos indicadores. Entretanto, como afirma Meadows (1998), existem várias limitações na utilização de indicadores.

Bossel (1999) argumenta que um dos sérios limitantes de indicadores de sustentabilidade é a perda de informação vital. O autor parafraseia o físico Albert Einstein ao afirmar que um indicador deve ser o mais simples possível mas não mais simples do que isso. Com isso ele critica a abordagem que procura agregar toda a informação em apenas um índice. Ele utiliza a ideia atualmente dominante de se medir a riqueza a partir do conceito de PIB mostrando o quanto esse indicador pode ser limitado. Na vida real, segundo ele, é necessário mais do que um indicador para capturar os aspectos mais importantes de uma situação. Um indicador simples não é capaz de mostrar toda a realidade.

Bossel afirma que o fascínio contemporâneo acerca de indicadores únicos é decorrente da prevalência atual dos sistemas econômicos e suas relações com o desenvolvimento. Além disso, existe uma deformação quando a maioria dos autores, ao analisar o PIB, não focaliza a riqueza *per capita* e sim o seu crescimento anual, que está associado à depleção de recursos naturais — quanto maior a taxa de crescimento maior o índice de destruição desses recursos. O autor afirma ainda que, por se tratar de um sistema que soma tudo o que se refere a bens e serviços, acaba incluindo num mesmo índice gastos com educação, saúde, alimentação e moradia, e bens socialmente indesejáveis como custo de crime, poluição, acidentes de carro etc. O PIB é essencialmente uma medida de quão rápido os recursos são transformados em fluxos monetários sem considerar seus efeitos específicos na sociedade.

Para Bossel (1999) a maioria dos indicadores relacionados à sustentabilidade não possui um sistema teórico conceitual que reflita a viabilidade e a operação do sistema total; eles normalmente refletem a experiência e os interesses de pesquisa dos especialistas. Por isso, eles são, por vezes, extremamente densos em algumas áreas e esparsos ou inexistentes em outras igualmente importantes. Os indicadores desse tipo não são, segundo Bossel, sistemáticos e não refletem as interações entre sociedade e meio ambiente no sistema total.

A conclusão, após análise de alguns métodos que pretendem "capturar" a sustentabilidade, é que a maioria se mostra inadequada para alcançar os propósitos fundamentais na avaliação de sustentabilidade que são, segundo Bossel (1999): fornecer informações essenciais sobre a viabilidade do sistema e sua taxa de mudança; indicar a contribuição para o objetivo geral que é o desenvolvimento sustentável.

O autor considera as abordagens atuais inadequadas na medida em que não analisam o conjunto total de problemas complexos. Para isso deve haver um modelo formal desse sistema e de seus componentes. Ele deve: identificar os sistemas gerais, principais, que são relevantes no contexto do desenvolvimento sustentável; desenvolver uma abordagem para identificação dos indicadores da viabilidade destes sistemas; refletir no sentido de como utilizar as informações para avaliar a viabilidade e a sustentabilidade do desenvolvimento humano nos diferentes níveis da sociedade.

Para Meadows (1998) um dos problemas relacionados aos indicadores é a sua seleção. Um processo que leve à seleção de indicadores inadequados conduz a um sistema com problemas. Os indicadores têm um aspecto ambíguo, são importantes e perigosos ao mesmo tempo, na medida em que estão no centro do processo decisório.

A ação que os indicadores impulsionam está relacionada à discrepância entre os objetivos desejados e o estado percebido sobre o sistema. O estado percebido se refere ao indicador ou índice. Ele não pode ser medido precisamente, o indicador não mede o sistema atual, mas faz uma aproximação ou associação do mesmo. O indicador é uma medida do sistema no passado e possui ruídos, portanto é difícil de apurar sua tendência. Ele pode ser deliberada ou acidentalmente desviado.

Meadows (1998) relata alguns dos problemas referentes à escolha e à utilização de indicadores. Um deles é a superagregação que ocorre quando muitos dados são condensados num único índice, podendo levar a mensagens não interpretáveis, e a autora cita também o problema do PIB como um exemplo clássico, que inclui fluxos positivos e negativos de dinheiro num único índice.

Outro problema é a mensuração do que é mensurável mais do que a medição do que é realmente importante, como exemplo, receitas em vez de qualidade de vida. Também a dependência de falsos modelos que levam a resultados ambíguos como o problema da valoração monetária de recursos naturais não renováveis. Pode existir também a falsificação deliberada que ocorre quando um índice traz notícias negativas e pode-se deliberadamente alterar algumas definições metodológicas da coleta de dados. A autora cita o exemplo do desemprego nos EUA, que é baseado nas pessoas que, apesar de estarem desempregadas, estão procurando emprego "ativamente". Uma outra questão importante é relativa ao desvio de atenção, com ferramentas e dados que deslocam o foco da observação dos atores envolvidos. Os indicadores também podem levar a sociedade a uma percepção falsamente positiva da realidade quando mal formulados ou baseados em modelos não confiáveis. Os indicadores não são a realidade, não são completos, e não contêm todos os elementos da realidade, com toda sua diversidade e possibilidades.

Para Jesinghaus (1999), grande parte das dificuldades dos projetos de avaliação não se refere apenas a como medir mas, sim, a como interpretar esta série de medidas e julgar sua significância para o sistema como um todo. Algumas metodologias de avaliação apenas fornecem uma série de indicadores sem utilizá-los para ligá-los à ação política. A interpretação dos dados é afetada tanto pelo sistema quanto pelo método, mas o resultado final depende do modo como o processo de medição é aplicado ao processo decisório. Os tomadores de decisão, políticos e homens de negócios, devem saber quão longe a sociedade ou um empreendimento pode ir.

A utilização de indicadores de desenvolvimento sustentável, segundo ele, envolve alguns desafios conceituais. Existem numerosos problemas de mensuração que a ciência não conseguiu resolver adequadamente. Isso abrange o desenvolvimento sustentável e sua avaliação, quando se depara com as questões metodológicas referentes ao que medir e como medir.

Considerando a abordagem científica, observa-se o paradoxo da análise de elementos discretos à custa do entendimento do sistema como um todo. Historicamente as disciplinas isoladas procuraram resolver problemas específicos e foram efetivas nesse projeto, entretanto, apesar das dificuldades inerentes ao desenvolvimento sustentável, deve-se procurar promover uma integração entre os diferentes campos da ciência no sentido de ampliar o entendimento do conjunto de relações. Existe uma ligação da riqueza gerada pela atividade humana e da pressão sobre a sociedade e o meio ambiente, resultando nas condições sociais e ecológicas que ainda são pouco entendidas. Quanto à definição de indicadores, uma das questões da mensuração está em saber se um indicador deve ser quantitativo ou qualitativo para que permita comparações. Esse é um problema que tem demandado a atenção dos esforços internacionais para estabelecer mecanismos de mensuração. Dados técnicos são de fácil mensuração, enquanto tendências, especialmente sociais, de valores ou ideológicas não são tão fáceis de se obter.

No que tange às limitações metodológicas, alguns elementos podem ser ressaltados. A disponibilidade de dados referentes à sustentabilidade de um sistema se apresenta irregular entre diferentes programas e instituições. A maior parte dos dados e estatísticas colecionados durante o tempo foi desenvolvida em épocas anteriores ao surgimento do conceito de desenvolvimento sustentável. As técnicas analíticas, em sua quase totalidade, estão longe de serem adequadas, especialmente quando se lida com impactos cumulativos sobre o meio natural. Outro aspecto importante refere-se à comparabilidade dos dados. Em princípio, mesmo que a maioria das questões relativas à sustentabilidade possa ser quantificada, elas não podem ser diretamente comparadas, como, por exemplo, as perdas na biodiversidade não podem ser comparadas aos ganhos econômicos. Sem dimensões compatíveis, a agregação e as comparações gerais continuarão sendo um problema para a avaliação de sustentabilidade.

Uma dificuldade adicional deve ser ressaltada e se refere aos limites de recursos. Existem diversas limitações reais de recursos humanos, financeiros e de tempo para mensuração dentro de projetos de avaliação de sustentabilidade.

Capítulo 5

Sistemas de indicadores relacionados ao desenvolvimento sustentável

Alguns tipos de sistemas têm sido utilizados para identificar e desenvolver indicadores de sustentabilidade, mas, conforme observado, o conceito de desenvolvimento sustentável abrange muitas questões e dimensões. Isso se reflete nos sistemas de indicadores que vêm sendo utilizados e desenvolvidos. Este capítulo aborda alguns sistemas de indicadores mais conhecidos que atuam em diferentes dimensões, procurando mensurar a sustentabilidade do desenvolvimento.

Quando se trata de indicadores ambientais algumas aproximações foram feitas utilizando o sistema de média (água, ar, solo, recursos), ou o sistema de metas, utilizando os parâmetros legais como objetivos dos indicadores. Entretanto, atualmente, a maior fonte de indicadores ambientais é a publicação regular da OECD (1993) que fornece um primeiro mecanismo para monitoramento do progresso ambiental para os países que fazem parte da instituição. O seu grupo de indicadores é limitado em tamanho mas cobre uma vasta área de questões ambientais, representando um grupo comum de indicadores dos países-membros, e adicionalmente incorpora indicadores derivados de alguns grupos setoriais e de sistemas de contabilidade ambiental.

O sistema utiliza o modelo *pressure, state, response* (PSR) um dos sistemas que vem adquirindo cada vez mais importância internacional. Esse sistema foi desenvolvido a partir do sistema *stress, response* que é aplicado em ecossistemas para a primeira classificação dos indicadores. O sistema PSR assume implicitamente que existe uma causalidade na interação dos diferentes elementos da metodologia.

Os indicadores de pressão ambiental (P) representam ou descrevem pressões das atividades humanas exercidas sobre o meio ambiente, incluindo os recursos naturais. Os indicadores de estado ou condição (S) se referem à qualidade do ambiente e à qualidade e à quantidade de recursos naturais.

Assim, refletem o objetivo final da política ambiental. Indicadores da condição ambiental são projetados para dar uma visão geral da situação do meio ambiente e seu desenvolvimento no tempo.

Indicadores de resposta, ou *response* (R), mostram a extensão e a intensidade das reações da sociedade em responder às mudanças e às preocupações ambientais. Referem-se à atividade individual e coletiva para mitigar, adaptar ou prevenir os impactos negativos induzidos pelo homem sobre o meio ambiente, para interromper ou reverter danos ambientais já infligidos e para preservar e conservar a natureza e os recursos naturais.

Os objetivos do trabalho da OECD são: rastreamento do progresso ambiental (monitoramento do ambiente e de suas mudanças no tempo); integração entre preocupações ambientais e políticas públicas; integração entre preocupações ambientais e política econômica.

Uma outra abordagem da dimensão ecológica faz referência a indicadores relacionados a transporte e fluxo de material, *total material consumption* (TMC) e a recursos e energia, *total material input* (TMI). Embora o propósito da ferramenta seja ambiental, a metodologia utilizada para cálculo é econômica. A vantagem do TMI e do TMC é que fornecem uma ligação entre o consumo de materiais e seus impactos na natureza. Outro aspecto interessante está ligado à chamada desmaterialização do consumo, com estudos na Alemanha, Áustria e França (Weizsäcker et al., 1995).

O fluxo de materiais e energia é um importante — mas não único — aspecto referente à sustentabilidade. Um dos aspectos mais importantes quando se deseja manter o capital natural é a manutenção da diversidade biológica. Não apenas pelo seu potencial em oferecer soluções para benefício humano que ainda não são conhecidas, mas também porque fornece a base de estabilidade para o sistema no qual os seres humanos vivem. Nesse campo, outro indicador parcialmente conhecido é o *biodiversity indicators for policy-makers* do World Resources Institute (WRI), (Hammond et al., 1995). Constitui-se de 22 indicadores, fornecendo informações úteis para os níveis nacional e internacional. Embora exista um grande número de dados disponíveis, algumas deficiências ainda podem ser notadas. Esses dados devem ser complementados com dados de gestão e economia, para auxiliar na determinação de prioridades e na tomada de decisões específicas para proteção.

Quanto à dimensão econômica, sistemas de indicadores relacionados ao desenvolvimento sustentável têm surgido com mais força nos últimos tempos. No sentido de abordar a questão ambiental nos sistemas de mensuração econômica, a divisão de estatística da ONU (United Nations Statistics Division — UNSD) desenvolveu um sistema "paralelo" para integrar mais do que modificar o sistema atualmente utilizado. Com isso, visando a uma experimentação mais abrangente, a ONU lançou uma versão de seu modelo no manual de Contabilidade Integrada Ambiental e Econômica (*Integrated Envi-*

ronmental and Economic Accounting, United Nations, 1993). De acordo com alguns estudos, um sistema de contas "verdes" não só é realizável mas também pode fornecer — mesmo que inicialmente e de maneira indicativa apenas — informações valiosas em termos de desenvolvimento de políticas e planejamento.

O propósito fundamental do System of Integrated Environmental and Economic Accounting (Seea) é o de cobrir a deficiência dos sistemas tradicionais de contas. Os objetivos das diferentes versões do sistema são, segundo Bartelmus (1995):

▼ segregação e elaboração de todos os fluxos e estoques relativos ao meio ambiente em relação ao sistema tradicional. O objetivo é colocar separadamente os investimentos em proteção ambiental. Essas despesas têm sido consideradas parte do custo necessário para compensar os impactos negativos do crescimento econômico;

▼ ligação da contabilidade física com a contabilidade ambiental monetária dentro de balanços. Propriedade física compreende o estoque total de reservas de recursos e muda constantemente; os pioneiros nessa área são a Noruega e a França, com sua contabilidade de patrimônio natural, e, mais recentemente, os estatísticos alemães com a contabilidade de fluxo de matéria e de energia;

▼ avaliação ambiental de custo-benefício. O sistema Seea amplia e complementa o sistema tradicional, pois considera os custos (a utilização — depleção — dos recursos naturais na produção e na demanda final e as mudanças na qualidade ambiental — degradação) resultantes da poluição e outros impactos da produção, consumo e eventos naturais, por um lado, e os benefícios ou proteção e melhoria ambiental, por outro;

▼ contabilidade para manutenção de riqueza factível. O sistema amplia o conceito de capital incorporando não apenas o capital gerado pela produção humana, mas também o capital natural. O capital natural inclui recursos naturais não renováveis como terra, solo e subsolo, e recursos cíclicos como ar e água. O processo de formação de capital é ampliado dentro do conceito de acumulação de capital;

▼ elaboração e mensuração de indicadores de estoques e receitas ajustados ao meio ambiente. A consideração dos custos da depleção dos recursos naturais e as mudanças na qualidade ambiental permitem o cálculo de agregados macroeconômicos modificados. O resultado é o produto interno líquido ambientalmente ajustado (*environmentally adjusted net domestic product* — EDP).

Outro sistema interessante de indicadores econômicos é o *monitoring environmental progress* (MEP), desenvolvido pelo Banco Mundial (World Bank, 1995). O sistema se fundamenta na ideia de que a sustentabilidade é medida por uma riqueza *per capita* não decrescente. Os primeiros relatórios de riqueza foram produzidos pelo MEP em 1995 (O'Connor, 1997). O MEP amplia o conceito de contabilidade ambiental incorporando ao balanço os recursos humanos (investimentos em educação, treinamento, saúde) e infraestrutura social (associações). Apesar de suas limitações (avaliabilidade e confiabilidade de dados), esse sistema traz algumas importantes informações aos tomadores de decisão. A produção de bens, vista como determinante de riqueza em vários países, expressa efetivamente apenas um quinto da riqueza real na maioria dos países, pobres ou ricos. A análise de riqueza considera que o *mix* de bens possa mudar com o tempo, embora algumas fronteiras críticas devam ser respeitadas dentro de cada categoria e separadamente.

Esse *mix* é influenciado pelo fluxo de receitas, produção e despesas. O MEP enfatiza que o meio para se criar riqueza é o fluxo de poupança verdadeiro, calculado a partir do resultado da produção ou receita menos o consumo, a depreciação dos bens de manufatura e a redução de recursos naturais. Alguns trabalhos mostram que a curva de produto interno bruto acompanha a curva do *green net national income* (GNI) exceto em alguns poucos países. Esse sistema apresenta aspectos positivos na medida em que mostra que muitas vezes não existe produção de riqueza e, sim, apenas, substituição de bens. Na segunda edição do MEP as medidas foram refinadas tendo como base o conceito de riqueza como a soma de quatro componentes ou quatro tipos de capital: produzido, natural, humano e social.

A maior tentativa de ajuste das contas econômicas convencionais nos anos recentes tem sido o Isew que foi desenvolvido inicialmente por Daly e Cobb (1989). O Isew ajusta as contas tradicionais com subtrações de influências negativas (referentes, por exemplo, à depleção de recursos naturais, desigualdade econômica e danos ambientais) e adições de influências positivas como o trabalho doméstico. O trabalho inicial do Isew foi revisto por Cobb em 1994 e forma agora a base do GPI.

O sistema Isew fornece uma nova visão da mudança do bem-estar econômico no tempo. Ele toma como base a medida do gasto do consumidor, que está relacionada ao PIB, e então faz ajustes para 18 aspectos econômicos da vida cotidiana que o PIB tradicional ignora. As diferenças entre o PIB e o Isew são:

- ▼ as despesas com custos sociais e ambientais são retiradas (investimentos defensivos);

- ▼ o dano ambiental em longo prazo e a depreciação do capital natural são considerados;

- a formação de capital de manufatura humano é incluída;
- mudanças na distribuição de receitas são incluídas (incremento de receita tem peso desigual dependendo da classe social do indivíduo);
- o valor do trabalho caseiro é incluído.

Existem também numerosos exemplos de indicadores relacionados à dimensão social da sustentabilidade. Um dos que tem merecido maior destaque ultimamente é o HDI. Ele foi desenvolvido pelo Programa das Nações Unidas para o Desenvolvimento que, em seu relatório, *Human Development Report* (UNDP, 1990, 1995), sugere que a medida do desenvolvimento humano deve focar três elementos: longevidade, conhecimento e padrão de vida decente.

Para o item longevidade o padrão considerado é a expectativa de vida ao nascimento. A importância da expectativa de vida é sugerida pela crença de que uma vida longa contém uma valoração positiva por si só, e está agregada a outros benefícios indiretos (como uma adequada nutrição e um bom sistema de saúde). Essas associações fazem da expectativa de vida um importante indicador do desenvolvimento humano, especialmente em virtude muitas vezes da falta de dados existente em relação aos níveis de alimentação e saúde.

O conhecimento se refere à capacidade de leitura ou grau de alfabetização que reflete apenas grosseiramente o acesso à educação — particularmente uma educação de qualidade — que é necessária para a vida produtiva dentro da sociedade moderna. O grau de leitura é o primeiro passo no processo de aprendizagem na construção do conhecimento, é um indicador importante em qualquer medida do desenvolvimento humano. Embora outros indicadores tenham que ser trabalhados para se perceber efetivamente o grau de conhecimento dentro de determinado grupo, o grau de *literacy* tem uma clara importância na investigação do índice de desenvolvimento humano.

O padrão de vida decente é, segundo Moldan e Bilharz (1997), a medida mais difícil de se obter simplesmente. Essa dificuldade está relacionada com a necessidade de dados confiáveis e específicos, mas devido à escassez dessa variedade de dados precisa-se, para início, utilizar o melhor dos indicadores de receita. O indicador mais confiável e com maior facilidade de obtenção é a receita *per capita*, mas a existência de bens e serviços que não são de mercado e as distorções existentes dentro dos sistemas de contas nacionais tornam esse sistema não muito adequado para comparações. Esses dados, porém, podem ser aperfeiçoados utilizando-se ajustes dentro do produto interno bruto, que poderiam melhorar a aproximação em relação à capacidade efetiva de compra de bens e de comando sobre os recursos necessários para se viver dentro de um padrão adequado.

Outra abordagem da sustentabilidade dentro da esfera social é o conceito de privação humana. A reflexão-padrão sobre sustentabilidade afirma que a geração atual deve deixar para as gerações vindouras no mínimo uma riqueza igual (incluídos capital humano, físico, natural e social) à existente nos dias atuais. A sustentabilidade é um conceito fundamentalmente normativo, ela implica a manutenção, para cada geração, de um nível socialmente aceitável de desenvolvimento humano. A questão que se coloca é qual o padrão mínimo aceitável para uma vida que "valha a pena" (Anand e Sen, 1994). A resposta deve ser não um estoque cumulativo de riqueza mas sim um nível particular e adequado de desenvolvimento humano, e o conceito que mais se ajusta ao nível de desenvolvimento humano é a ausência de privação. Esse padrão mínimo define as obrigações da sociedade para com cada um dos seus membros, fornecendo a eles pelo menos o mínimo necessário para subsidiar seu próprio desenvolvimento como seres humanos, livres de necessidades e de privação.

Uma sustentabilidade do tipo normativa não pode ser avaliada adequadamente em termos monetários. A avaliação envolve necessariamente o estabelecimento de padrões ou metas não monetárias. Alguns advogam que o não declínio do HDI poderia ser tomado como medida de sustentabilidade normativa, da mesma maneira que o não declínio da riqueza total produtiva pode ser uma medida técnica da sustentabilidade. Mas a maioria das variáveis do HDI reflete a condição média de uma dada população e dessa maneira não pode mostrar que uma parcela significante desta mesma população pode não ter os requisitos básicos de uma sobrevivência digna atendidos.

Embora semelhante ao HDI, o *capability poverty measure* (CPM) é mais adequado para monitorar o nível de privação humana (McKinley, 1997). O desenvolvimento humano é definido pela expansão das capacidades e a privação pela ausência de capacidades básicas ou essenciais. Capacidades são fins e se refletem na qualidade de vida das pessoas. O CPM difere do HDI quanto ao foco no ser humano pela ausência de capacidades mais do que o nível médio de capacidades. Para evitar a confusão entre fins e meios, este índice não utiliza as receitas como indicador de desenvolvimento humano. O CPM é um índice composto que utiliza a média aritmética de três indicadores: a percentagem de crianças com menos de cinco anos que têm subnutrição (peso abaixo do normal); a percentagem de mulheres com 15 anos ou mais que são analfabetas e a percentagem de nascimentos que não são atendidos por pessoas treinadas da área da saúde.

Essas variáveis cobrem uma ampla área: indicadores de saúde e nutrição para a população como um todo, acesso a serviços de saúde e indicadores básicos de educação. Um aspecto importante do método refere-se ao fato de que as variáveis sejam escolhidas para detectar diretamente a ausência de necessidades humanas básicas e, no caso do método CPM, estas necessidades são: uma vida saudável e bem nutrida; seres humanos alfabetizados e com capacidade de discernimento e seres humanos capazes de uma reprodução sadia e segura.

Existem casos em que não é possível determinar indicadores adequados que reflitam diretamente essa privação. Como substituto, indicadores de acesso podem ser utilizados, como acesso à água potável, a instalações sanitárias adequadas e a serviços médicos. A diferença desse método, novamente, é o foco no ser humano. Diferentemente dos outros métodos baseados nas necessidades humanas e que procuram medir o acesso a essas necessidades dentro de um grupo, o CPM realça a privação, ou o não acesso a elementos essenciais para um padrão de vida digno (McKinley, 1997).

Outro sistema que, apesar de pouco desenvolvido, tem chamado a atenção recentemente é o conceito de capital social. A maioria dos sistemas de indicadores sociais está relacionada ao que foi chamado por Sen (1987) de capacidades e liberdades. O HDI é um bom exemplo de um grupo de componentes procurando medir um padrão de vida livre e sem privação, muito embora exista muito espaço para melhorias. Para países com um nível de desenvolvimento relativamente baixo o CPM é certamente mais prioritário.

Mas MacGillivray (1997) aborda uma questão importante: uma vez que os pré-requisitos para o desenvolvimento humano sejam atendidos (alfabetização, saúde, conhecimento, receitas adequadas) como se pode realmente afirmar que as pessoas utilizarão esse potencial para exercer uma vida plena de significados dentro da sociedade? Em outras palavras, como argumenta o autor, o fato de algumas pessoas saberem ler significa que elas vão realmente ler? O que essas pessoas vão ler?

Para ele a participação dentro da sociedade é mais do que a inexistência de obstáculos para se alcançar alguns objetivos. O autor afirma que existem meios de se definir o desenvolvimento social não individual e utiliza o conceito de capital social para isso, conceito que, segundo Coleman (1988), representa a habilidade das pessoas de trabalharem juntas para um fim comum em grupos ou dentro das organizações. Putnan (1994) descreve o capital social como uma característica da organização social, como as redes, as normas que facilitam a coordenação e cooperação em benefício mútuo. Tais associações fornecem a base de cooperação dentro da sociedade e o capital social pode ser descrito como a participação no processo decisório ou integração social.

As bases empíricas sobre o capital social ainda estão em sua fase inicial. Existem algumas pesquisas pioneiras que mostram que a participação em corais, ou agremiações de esporte e cooperativas é um importante indicador de uma efetiva democracia local. Um estudo recente do Banco Mundial mostra como o capital social pode trazer um significativo benefício para o bem-estar doméstico e MacGillivray (1997) mostra alguns estudos apontando a correlação entre o capital social e o aumento do bem-estar local.

Entretanto, a dificuldade de fornecer e desenvolver indicadores para os aspectos humanos do desenvolvimento sustentável persiste. Dentro de uma observação mais detalhada existe uma mistura entre o bem-estar dos indivíduos (como os aspectos relativos à saúde, educação, ausência de pobreza) e questões relacionadas ao capital social que está longe de ter uma definição universal, incluindo aspectos como papel das leis, estabilidade, confiança, redes sociais, acesso a informações, instituições adequadas e ausência de corrupção. Esses modelos vêm sendo amplamente reconhecidos como elementos críticos para a transição rumo a um tipo de sociedade mais sustentável (United Nations, 1997). Esses indicadores são difíceis de ser capturados em um ou alguns poucos indicadores quantitativos. Parece ser mais fácil caracterizar esses aspectos em termos de padrões mais qualitativos do que em números.

Se o objetivo é aplicar métodos numéricos não existe praticamente nenhum material avaliável na área de capital social. Ao mesmo tempo, existem algumas metodologias bem estabelecidas na área de capital humano. Alguns exemplos são mortalidade infantil, expectativa de vida, as medidas de pobreza da CSD da ONU (United Nations, 1996b) e o índice de desenvolvimento humano do UNDP (1995).

Para as perspectivas de desenvolvimento sustentável na área de capital social, deve-se incluir a questão de como mensurar o capital social de uma maneira equilibrada com o capital humano e o capital natural (Serageldin, 1996; Serageldin e Steer, 1994).

Outra questão importante a ser observada é a ausência de indicadores não triviais na dimensão institucional do desenvolvimento sustentável. Esse aspecto pode ser considerado atualmente um dos maiores problemas nos projetos relativos a indicadores de sustentabilidade.

Existem várias tentativas, dentro das diferentes dimensões, para avaliar a sustentabilidade. Isso ocorre apesar das lacunas teóricas e empíricas que existem nesses modelos unidimensionais e da quase ausência de projetos de indicadores relacionados a determinadas dimensões, como é o caso da institucional. Entretanto, a partir de sistemas mais específicos, alguns sistemas para integrar as diversas dimensões da sustentabilidade foram elaborados. O DSR é um dos métodos mais conhecidos entre os que procuram integrar as diversas dimensões do desenvolvimento sustentável. O método de avaliação *driving force, state, response* (DSR) foi adotado pela Comissão de Desenvolvimento Sustentável das Nações Unidas em 1995 como uma ferramenta capaz de organizar informações sobre o desenvolvimento. O objetivo do programa é tornar acessíveis aos tomadores de decisão os indicadores relacionados ao desenvolvimento sustentável, no nível nacional, definindo-os, elucidando as suas metodologias e fornecendo treinamento e capacitação.

Nesse sistema, o item *driving force* representa as atividades humanas, processos e padrões que causam impacto no desenvolvimento sustentável. Esses indicadores fornecem uma medida das causas das mudanças, negativas ou positivas, no estado de desenvolvimento sustentável. Exemplos são as taxas de crescimento da população e de emissão de CO_2.

Os indicadores do item *state* fornecem uma medida do estado do desenvolvimento sustentável, ou um aspecto particular dele, num determinado momento. Pertencem a esse item indicadores qualitativos e quantitativos como número estimado da população na escola, indicador de estado do nível educacional ou a concentração de poluentes no ambiente, que é uma medida da qualidade do ar nas áreas urbanas.

Indicadores do item *response* mostram as opções políticas e outras respostas para as mudanças no estado do desenvolvimento sustentável. Eles fornecem uma medida da disposição e efetividade da sociedade em fornecer respostas. Algumas respostas para mudar o estado em relação ao desenvolvimento sustentável podem ser a legislação, regulação, instrumentos econômicos, atividades de informação etc.

Exemplos de indicadores do tipo *response* incluem tratamento de água poluída e gastos na diminuição da poluição.

Todos os capítulos da *Agenda 21* estão refletidos nesse sistema, dentro do qual estão contidas quatro dimensões do desenvolvimento sustentável: social, econômica, ambiental e institucional. Assume-se que o desenvolvimento sustentável inclui componentes dessas quatro categorias que estão inter-relacionados (United Nations, 1996a).

O sistema DSR foi desenvolvido basicamente a partir do sistema PSR utilizado pela OECD em seus trabalhos sobre indicadores ambientais. No sistema DSR, o item *pressure* (P) foi substituído por *driving force* (D) para que fosse possível incorporar os aspectos sociais, econômicos e institucionais do desenvolvimento sustentável. Existem outras metodologias que utilizam algumas variações do sistema DSR, fazendo algumas alterações. Um exemplo é a subdivisão da categoria *state* (S) em outras duas categorias como no caso do sistema *pressure, state, impact, response* (PSIR) utilizado pela Unep. Vários autores consideram que, em alguns aspectos, essa divisão pode trazer insights valiosos na ordenação de políticas públicas, mas por outro lado não atende a um dos critérios principais que seria o de simplificar os indicadores ao máximo para os tomadores de decisão.

O sistema DSR pode ser utilizado também para avaliações setoriais. A indústria desempenha um importante papel no contexto do desenvolvimento sustentável em pelo menos dois aspectos: a produção industrial é uma das fontes geradoras de problemas ambientais e, em contrapartida, representa um componente importante em termos tecnológicos e econômicos na busca de soluções para a sustentabilidade. Esses dois aspectos estão ligados aos itens *driving force* e *state* do método DSR e podem ser utilizados na construção de sistemas de avaliação.

Isso revela que existe uma variedade de sistemas de indicadores que, atuando em diferentes dimensões, procura mensurar a sustentabilidade do desenvolvimento. Na figura 4 podem ser observadas algumas das metodologias mais conhecidas de avaliação e as diferentes dimensões onde atuam. Cada um dos diferentes sistemas de avaliação apresenta características peculiares e é adequado para determinada realidade. Por outro lado, sistemas de indicadores adequados devem seguir alguns preceitos gerais importantes. A conformidade com esses preceitos, juntamente com a aplicação adequada da ferramenta para uma determinada realidade, está relacionada diretamente com o sucesso de um processo de avaliação.

O capítulo 6 levanta orientações conceituais e empíricas sobre a formulação de ferramentas de avaliação de sustentabilidade. Para efetivamente comparar sistemas de indicadores, deve-se conhecer quais são os aspectos mais importantes a serem observados no desenvolvimento dessas ferramentas. Eles constituem elemento central para a formulação das dimensões de análise que serão utilizadas na comparação das ferramentas selecionadas neste livro.

Figura 4

Alguns sistemas de indicadores

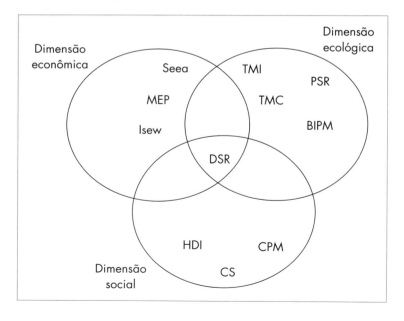

Capítulo 6

Aspectos relevantes na formulação de sistemas de indicadores para a avaliação de sustentabilidade

O Relatório Brundtland, de 1987, e a *Agenda 21*, resultado da Conferência das Nações Unidas sobre Meio Ambiente e Desenvolvimento de 1992, ressaltam a necessidade de pesquisar e desenvolver novas ferramentas para avaliação de sustentabilidade. Em resposta a esse desafio diversas iniciativas vêm sendo implementadas, nos mais diferentes níveis, para avaliar a performance do desenvolvimento. Em novembro de 1996 um grupo de especialistas e pesquisadores em avaliação de todo o mundo se reuniu no Centro de Conferências de Bellagio, na Itália, apoiado pela Fundação Rockefeller, para revisar os dados e as diferentes iniciativas de avaliação de sustentabilidade. A partir daí, sintetizou-se a percepção geral sobre os aspectos relacionados à avaliação de desenvolvimento sustentável. O resultado desse encontro ficou conhecido como os Princípios de Bellagio que servem, segundo Hardi e Zdan (1997), como guia para avaliação de um processo, desde a escolha e o projeto de indicadores, a sua interpretação, até a comunicação de resultados. Os princípios, segundo os autores, estão inter-relacionados e devem ser aplicados também conjuntamente, sendo que sua aplicação é importante como orientação para a melhoria dos processos de avaliação.

Os 10 princípios selecionados servem como orientação para avaliar e melhorar a escolha, utilização, interpretação e comunicação de indicadores. Eles foram formulados com a intenção de serem usados na implementação de projetos de avaliação de iniciativas de desenvolvimento, do nível comunitário até as experiências internacionais, passando pelos níveis intermediários. Esses princípios foram listados no quadro 8 e lidam com quatro aspectos da avaliação de sustentabilidade (Hardi e Zdan, 1997).

Quadro 8
Princípios de Bellagio

▼ 1. Guia de visão e metas

A avaliação do progresso rumo à sustentabilidade deve:

▼ ser guiada por uma visão clara do que seja desenvolvimento sustentável e das metas que definam esta visão.

▼ 2. Perspectiva holística

A avaliação do progresso rumo à sustentabilidade deve:

▼ incluir uma revisão do sistema todo e de suas partes;
▼ considerar o bem-estar dos subsistemas ecológico, social e econômico, seu estado atual, bem como sua direção e sua taxa de mudança, de seus componentes, e a interação entre as suas partes;
▼ considerar as consequências positivas e negativas da atividade humana de modo a refletir os custos e benefícios para os sistemas ecológico e humano, em termos monetários e não monetários.

▼ 3. Elementos essenciais

A avaliação do progresso rumo à sustentabilidade deve:

▼ considerar a equidade e a disparidade dentro da população atual e entre as gerações presentes e futuras, lidando com a utilização de recursos, superconsumo e pobreza, direitos humanos e acesso a serviços;
▼ considerar as condições ecológicas das quais a vida depende;
▼ considerar o desenvolvimento econômico e outros aspectos que não são oferecidos pelo mercado e contribuem para o bem-estar social e humano.

▼ 4. Escopo adequado

A avaliação do progresso rumo à sustentabilidade deve:

▼ adotar um horizonte de tempo suficientemente longo para abranger as escalas de tempo humana e dos ecossistemas atendendo às necessidades das futuras gerações, bem como da geração presente em termos de processo de tomada de decisão em curto prazo;
▼ definir o espaço de estudo para abranger não apenas impactos locais, mas, também, impactos de longa distância sobre pessoas e ecossistemas;
▼ construir um histórico das condições presentes e passadas para antecipar futuras condições.

continua

- 5. Foco prático

    A avaliação do progresso rumo à sustentabilidade deve ser baseada em:

- um sistema organizado que relacione as visões e metas dos indicadores e os critérios de avaliação;
- um número limitado de questões-chave para análise;
- um número limitado de indicadores ou combinação de indicadores para fornecer um sinal claro do progresso;
- na padronização das medidas, quando possível, para permitir comparações;
- na comparação dos valores dos indicadores com as metas, valores de referência, padrão mínimo e tendências.

- 6. Abertura/transparência (*openness*)

    A avaliação do progresso rumo à sustentabilidade deve:

- construir os dados e indicadores de modo que sejam acessíveis ao público;
- tornar explícitos todos os julgamentos, suposições e incertezas nos dados e nas interpretações.

- 7. Comunicação efetiva

    A avaliação do progresso rumo à sustentabilidade deve:

- ser projetada para atender às necessidades do público e do grupo de usuários;
- ser feita de forma que os indicadores e as ferramentas estimulem e engajem os tomadores de decisão;
- procurar a simplicidade na estrutura do sistema e utilizar linguagem clara e simples.

- 8. Ampla participação

    A avaliação do progresso rumo à sustentabilidade deve:

- obter ampla representação do público: profissional, técnico e comunitário, incluindo participação de jovens, mulheres e indígenas para garantir o reconhecimento dos valores, que são diversos e dinâmicos;
- garantir a participação dos tomadores de decisão para assegurar uma forte ligação na adoção de políticas e nos resultados da ação.

- 9. Avaliação constante

    A avaliação do progresso rumo à sustentabilidade deve:

- desenvolver a capacidade de repetidas medidas para determinar tendências;
- ser interativa, adaptativa e responsiva às mudanças, porque os sistemas são complexos e se alteram frequentemente;

continua

- ▼ ajustar as metas, sistemas e indicadores aos insights decorrentes do processo;
- ▼ promover o desenvolvimento do aprendizado coletivo e o feedback necessário para a tomada de decisão.

▼ 10. Capacidade institucional

A continuidade na avaliação rumo ao desenvolvimento sustentável deve ser assegurada por:

- ▼ delegação clara de responsabilidade e provimento de suporte constante no processo de tomada de decisão;
- ▼ provimento de capacidade institucional para a coleta de dados, sua manutenção e documentação;
- ▼ apoio ao desenvolvimento da capacitação local de avaliação.

Fonte: Hardi e Zdan (1997).

O princípio 1 refere-se ao ponto inicial de qualquer tentativa de avaliação: deve-se estabelecer uma visão do que seja sustentabilidade e as metas que revelem uma definição prática dessa visão em termos do que seja relevante para a tomada de decisão.

Os princípios 2 até 5 tratam do conteúdo de qualquer avaliação e da necessidade de fundir o sistema por inteiro (global) com o foco prático nas principais questões ou questões prioritárias.

Os princípios 6 até 8 lidam com a questão-chave do processo de avaliação, enquanto os princípios 9 e 10 se referem à necessidade de estabelecer uma capacidade contínua de avaliação.

Resumidamente, para transformar o conceito de desenvolvimento sustentável em prática deve-se compreender melhor os processos humanos e naturais que estão relacionados aos problemas ambientais, econômicos e sociais. O processo de avaliação ou mensuração deve estar focado, portanto, nestes pontos:

- ▼ as atividades que criam problemas nos ecossistemas locais e no ambiente global, na economia local e nacional, e nas comunidades e indivíduos;
- ▼ as mudanças resultantes no ecossistema, na economia e na sociedade e indivíduos em curto e em longo prazos, reversíveis e não reversíveis;
- ▼ as respostas do sistema político, sua extensão e seu impacto.

Jesinghaus (1999) afirma que a transparência do sistema e a forma de comunicação dos resultados são pontos fundamentais de qualquer ferramenta de avaliação de sustentabilidade.

Também a agregação e a utilização de índices compostos são elementos importantes para realizar julgamentos de valor e comparações entre as principais tendências políticas de desenvolvimento sustentável.

O problema da agregação dos dados está relacionado a como juntar variáveis que são expressas em diferentes unidades de mensuração, por exemplo diferentes entidades físicas, ou até, mais dificilmente, medidas físicas e sociais. Em princípio, segundo o autor, agregação não é uma média de dados individuais combinados. A ponderação consiste num julgamento de valor que atribui importância diferente a elementos distintos da ferramenta. Os princípios da ponderação devem ser justificados apropriadamente. Já a criação de índices compostos ou de técnicas de mensuração para simples classificação de políticas e atividades, utilizando o mínimo de indicadores necessários traz consigo um problema operacional. Índices compostos são necessários devido à abordagem integrativa do conceito de desenvolvimento sustentável; o problema desses índices é que a sua combinação é muitas vezes arbitrária.

Hardi e Zdan (1997), partindo da observação de alguns casos práticos sobre avaliação de sustentabilidade, fazem uma série de considerações. Afirmam que existe um grande interesse no mundo atual em aprender sobre o progresso com indicadores. Mais e mais pessoas têm observado a vantagem de se coletar e tratar dados sistematicamente para melhor compreender a relação entre o homem e o meio ambiente. Outro ponto, segundo eles, que se opõe à crítica usual de que sistemas de avaliação de sustentabilidade são caros e não têm garantia é que, ao contrário, os casos experimentais já realizados mostram que o processo de avaliação aumenta o conhecimento e a compreensão dos sistemas complexos que interagem no desenvolvimento.

As experiências existentes mostram que processos de avaliação também não funcionam isoladamente, sendo o papel exercido pelas lideranças um ponto crítico. Em cada uma das situações é requerido um impulso para que se realize a avaliação. Esse impulso pode se originar de forças externas, como insatisfação pública, mas normalmente será mais efetivo a partir de uma demanda interna, com uma liderança forte e uma visão de longo prazo. Um aspecto importante que surge da observação das diferentes experiências é o fato de a avaliação levar à identificação de pontos ou metas práticas a serem alcançadas. Considerando que essas ferramentas funcionam para análise de políticas e planejamento, pode-se identificar elementos potencialmente fracos e fornecer sinais de alarme que indiquem necessidades de mudança de direção política, mudanças no comportamento ou ajustes institucionais.

Outro ponto particularmente importante é a dependência acentuada que todos os sistemas têm de dados confiáveis e de boa qualidade. Para realmente se observar e conhecer a direção do desenvolvimento, sistemas de informações devem ser desenvolvidos e mantidos. Sistemas para avaliação de sustentabilidade são normalmente restritos pela falta de dados, poucos recursos para monitoramento e inabilidade para analisar ou interpretar dados. Sistemas de avaliação que obtiveram sucesso vêm de instituições que têm capacidade de gerir, analisar e sintetizar dados e comunicar seus resultados.

Outro aspecto a considerar é que, mesmo com a compilação dos dados, permanece o desafio de interpretar os significados e saber quais as necessidades reais de mudança. As tendências podem se mostrar contraditórias — diferentes valores levam a diferentes ponderações e interpretações alternativas dos mesmos dados. Os Princípios de Bellagio são uma importante orientação para a formulação e a avaliação de ferramentas de sustentabilidade. Em um processo de avaliação transparente, aberto e construído com colaboração, as oportunidades de aprendizado são maximizadas. Pela identificação de tendências não desejadas podem-se evitar crises e, conhecendo melhor as interações do sistema, melhores estratégias podem ser adotadas para os diferentes níveis de atuação. Para que se possa organizar os diferentes sistemas de indicadores existentes, que são relevantes para o desenvolvimento sustentável, algum tipo de modelo conceitual é necessário.

Em qualquer projeto de avaliação uma das principais tarefas é a definição de um sistema com o objetivo de determinar e clarificar o que vai ser medido e o que se espera da medida. O sistema é a referência mais direta ao conceito subjacente de desenvolvimento sustentável que define o processo de avaliação. Um sistema é um modelo conceitual que ajuda a selecionar e organizar questões que vão definir o que vai ser medido pelos indicadores. Modelos conceituais, mesmo não capturando o mundo real e sua complexidade, que estão além de todo o conhecimento, fornecem um retrato de como o mundo real funciona e ensinam, assim, a melhor forma de lidar com ele. Os sistemas podem ser classificados: pelos caminhos e meios pelos quais identificam as dimensões mensuráveis e selecionam e agrupam as questões a serem mensuradas; ou pelos conceitos que são utilizados para justificar os procedimentos de identificação e seleção dos indicadores.

Jesinghaus (1999) afirma que existem modelos que influenciam na aferição do progresso rumo à sustentabilidade. O termo modelo é utilizado aqui para generalizar a estrutura conceitual comum de sistemas similares que são utilizados em projetos práticos. A utilidade de um modelo conceitual não se restringe apenas ao processo de escolha de indicadores, mas também à sua capacidade de realçar indicadores que, mesmo não refletindo as prioridades atuais, podem ter grande importância no futuro. Reconhecer o que não está sendo enfatizado é tão importante quanto o que está. A falta de indicadores ou sinais de determinado tipo constitui importante elemento para análise. Então, o sistema efetivo serve como base para ser revisado de tempos em tempos e no teste das prioridades atuais.

Enquanto alguns modelos diferem significativamente uns dos outros, outros têm diferenças apenas na terminologia. Muitas vezes os diferentes sistemas não são mutuamente exclusivos e podem ser utilizados complementarmente. Jesinghaus (1999) considera que mesmo que existisse um consenso completo sobre a definição e interpretação do conceito de desenvolvimento sustentável, existiriam questões metodológicas que contrapõem diversos programas ou projetos de avaliação.

Apesar da ocorrência de diversos sistemas relacionados à avaliação da sustentabilidade, existem muitos elementos que não estão devidamente estudados e desenvolvidos atualmente. Pode-se recordar aqui rapidamente alguns deles: a multidimensionalidade do conceito de desenvolvimento sustentável, a complexidade que decorre da agregação de variáveis não relacionadas diretamente, a questão da transparência em sistemas de avaliação, a existência dos julgamentos de valor e sua ponderação nos diversos sistemas, o tipo de processo decisório envolvido, o tipo de variável envolvida (qualitativa, quantitativa ou as duas) entre outros.

É necessário organizar teoricamente os diferentes sistemas para que os usuários das ferramentas, essenciais nos ajustes da direção do desenvolvimento, possam selecionar e trabalhar com os modelos mais adequados para seus objetivos finais. Para realizar esse trabalho devem-se observar as diferentes ferramentas existentes que procuram mensurar a sustentabilidade do desenvolvimento sob uma perspectiva analítica. Os critérios ordenadores dessa análise são derivados dos Princípios de Bellagio e de outros autores referenciados neste capítulo. Esses princípios e críticas revelam algumas características importantes que devem ser consideradas quando se observa ou se utiliza uma metodologia de avaliação de sustentabilidade. A seguir, os aspectos que decorrem dessas considerações.

Um primeiro aspecto importante é verificar a *dimensão* ou dimensões contempladas pela ferramenta de avaliação. O conceito de desenvolvimento sustentável é normalmente abordado de forma multidimensional. Para se conhecer melhor uma ferramenta de avaliação deve-se observar quais dimensões são utilizadas e de que forma.

Um segundo elemento de análise refere-se ao campo de aplicação da ferramenta. Existem diferentes *esferas* de utilização de um sistema de indicadores, desde regiões até sistemas ecológicos, e deve-se conhecer para qual esfera o sistema está projetado, ou seja, onde ele pode e deve ser aplicado.

Outro importante elemento de qualquer sistema de avaliação, ressaltado por diversos especialistas, diz respeito aos *dados* que uma ferramenta de avaliação utiliza. Isso está relacionado não só ao tipo de dados utilizados na ferramenta mas também à forma com que eles são tratados na avaliação.

Um quarto aspecto importante, quando se observa um sistema de indicadores, está relacionado à forma e à intensidade de *participação* de diferentes atores sociais na elaboração do sistema. Segundo os Princípios de Bellagio, essa característica é um importante elemento de análise quando se observa qualquer ferramenta de avaliação.

Por último, devem-se observar as características do sistema como um todo, sua *interface*, procurando verificar alguns elementos que são considerados essenciais dentro de um sistema de avaliação. Os elementos, nessa perspectiva, são o grau de complexidade da ferramenta, o seu grau de transparência, sua estrutura de apresentação e seu potencial pedagógico em termos de educação ambiental.

Verificando-se as principais ferramentas que procuram avaliar o grau de sustentabilidade do desenvolvimento a partir dessas cinco categorias pode-se incrementar a compreensão dessas ferramentas e do próprio conceito de desenvolvimento sustentável.

Capítulo 7

Procedimentos metodológicos

O capítulo 6 discutiu vários aspectos ligados ao conceito de desenvolvimento sustentável e à caracterização dos diversos elementos que estão relacionados à criação de métodos de avaliação de sustentabilidade. Eles servem como base para definição do referencial metodológico utilizado neste livro, que realiza uma análise comparativa das metodologias de sustentabilidade mais conhecidas internacionalmente.

Neste capítulo são apresentados a orientação metodológica utilizada na pesquisa, o sistema empregado para as seleções preliminar e final das ferramentas de avaliação que foram comparadas e as categorias de análise que subsidiaram o trabalho de comparação. A última parte deste capítulo aborda a justificativa e as limitações do projeto.

A fundamentação teórica deste livro tratou da apresentação dos diversos aspectos relacionados às diferentes perspectivas do conceito de desenvolvimento sustentável. Explorou-se a relação do homem com o meio ambiente a partir da tomada de consciência a respeito da crise ambiental que trouxe como um dos seus resultados o surgimento do conceito de desenvolvimento sustentável.

Os problemas relativos a esse conceito, com suas potencialidades e limitações, foram mencionados para abordar as questões referentes às metodologias de avaliação da sustentabilidade. Existe um razoável grau de consenso no que se refere à necessidade de desenvolvimento de metodologias que façam uma avaliação da sustentabilidade, entretanto, as controvérsias a respeito do próprio conceito de desenvolvimento sustentável, que inspira a construção dessas metodologias e de seus indicadores, têm levado a uma grande variedade de abordagens.

Essa variedade decorre de diferentes esquemas interpretativos relacionados ao conceito ordenador na formulação das ferramentas de avaliação e da complexidade do tema.

Para obter um quadro mais organizado no que se refere às diferentes ferramentas de avaliação de sustentabilidade, este livro *realizou uma análise comparativa das metodologias mais reconhecidas internacionalmente que procuram mensurar a sustentabilidade*. A análise comparativa dessas ferramentas foi feita a partir de dimensões de análise derivadas do último item da fundamentação teórica que trata especificamente dos aspectos que devem ser observados no desenvolvimento dessas ferramentas de avaliação.

Para responder ao problema geral, ou seja, realizar uma análise comparativa entre as ferramentas de avaliação de sustentabilidade mais reconhecidas internacionalmente, os seguintes objetivos específicos foram estabelecidos:

▼ contextualizar o conceito de desenvolvimento sustentável;

▼ analisar os fundamentos teóricos e empíricos que caracterizam as ferramentas de avaliação de sustentabilidade;

▼ levantar, por pesquisa bibliográfica, as mais importantes ferramentas de avaliação de sustentabilidade no contexto internacional;

▼ selecionar, com um questionário enviado a especialistas da área, entre as ferramentas levantadas na etapa anterior, quais os três sistemas de avaliação de sustentabilidade mais importantes no contexto internacional atualmente;

▼ descrever os pressupostos teóricos que fundamentam as três ferramentas selecionadas;

▼ descrever o funcionamento de cada uma das ferramentas selecionadas;

▼ comparar as ferramentas selecionadas a partir de categorias analíticas previamente escolhidas.

O livro foi desenvolvido considerando três etapas. A primeira se refere aos três primeiros objetivos específicos e procurou, a partir da contextualização do conceito de desenvolvimento sustentável e da discussão dos aspectos relacionados à mensuração da sustentabilidade, selecionar os sistemas de indicadores mais conhecidos. Isso foi realizado por extensa revisão bibliográfica.

Na segunda etapa, relativa ao objetivo específico da escolha, selecionou-se, entre os vários sistemas de indicadores encontrados na revisão anterior, os três mais reconhecidos internacionalmente. Para isto foi enviado um questionário, com uma questão aberta, a uma amostra de especialistas da área. Nessa etapa, os sistemas de indicadores que seriam utilizados na análise comparativa foram escolhidos.

A terceira etapa está relacionada especificamente à análise comparativa das três ferramentas de avaliação mais importantes atualmente na percepção dos especialistas da área. Cada um dos sistemas de indicadores escolhidos pela descrição de seus pressupostos teóricos e de seu funcionamento prático foi observado. Quatro dimensões foram analisadas: as origens do método de avaliação, relacionando seus autores e as instituições envolvidas; a visão de sustentabilidade que está contida no sistema ou expressa por seus autores; as principais características do método e a descrição da aplicação prática da ferramenta.

Por último foi realizada a análise comparativa dessas ferramentas utilizando as categorias descritas no último item da fundamentação teórica.

Para alcançar os objetivos propostos optou-se por um delineamento do tipo descritivo exploratório adotando o método comparativo de análise. Os dados utilizados nesta pesquisa foram primários e secundários. Os primários foram obtidos diretamente com um questionário enviado à amostra de especialistas responsável pela seleção das três ferramentas de avaliação mais reconhecidas internacionalmente e que foram comparadas. Esses profissionais são oriundos das mais diversas áreas e suas organizações atuam dentro das esferas educacional, pública ou governamental, da sociedade civil ou não governamental e a esfera privada. O objetivo desse instrumento de coleta de dados foi o de selecionar, entre as ferramentas de avaliação de sustentabilidade, quais as três mais conhecidas e relevantes no contexto internacional, na percepção dos especialistas da área. O questionário utilizado continha uma questão aberta permitindo ao entrevistado interagir com o entrevistador e para que ele pudesse sugerir iniciativas de avaliação que não estavam descritas no corpo do instrumento de coleta de dados. A partir da seleção das três principais ferramentas de avaliação, deve-se proceder à sua análise comparativa. Para isso, foram utilizados os dados secundários obtidos a partir de pesquisa bibliográfica e documental, que são a base para as categorias de análise utilizadas neste estudo comparativo.

Os dados secundários foram coletados a partir de material bibliográfico e documentos referentes às diferentes ferramentas selecionadas, como artigos, livros e manuais relativos às ferramentas.

Para a escolha e análise das ferramentas foram utilizadas tanto uma abordagem quantitativa quanto uma qualitativa. A abordagem quantitativa predomina na seleção das três mais importantes ferramentas existentes atualmente em termos de avaliação de sustentabilidade. O instrumento utilizado para a seleção das ferramentas foi um questionário. Ele foi enviado a uma amostra representativa intencional de profissionais ligados a organizações do setor público, do setor privado, do setor educacional e da sociedade civil. Essa amostra é intencional na medida em que os entrevistados escolhidos devem possuir conhecimentos ou alguma relação com iniciativas ligadas à sustentabilidade. Esse cuidado é necessário uma vez que as iniciativas ligadas a indicadores de sustentabilidade são pouco conhecidas.

O questionário foi enviado a todos os membros da amostra. Os dados contidos nos questionários respondidos foram submetidos a um tratamento prioritariamente quantitativo, com análise estatística das respostas, procurando determinar as ferramentas mais conhecidas e importantes internacionalmente em termos de avaliação de sustentabilidade.

Na etapa posterior procurou-se analisar comparativamente as três ferramentas selecionadas. Para efeito de operacionalização, a comparação das ferramentas selecionadas foi feita através da utilização de diferentes dimensões objetivas ou categorias de análise, cujo objetivo foi orientar na classificação e na comparação das ferramentas de avaliação estudadas.

Essas categorias foram elaboradas a partir do referencial teórico estudado nos capítulos anteriores, mais especificamente o capítulo que aborda as principais orientações ao se formular indicadores de sustentabilidade. Elas seguem o pressuposto geral de que sistemas de indicadores devem ser relevantes para o processo de gestão e para seus objetivos, sendo cientificamente válidos e ajustados ao sistema político. Eles devem representar aspectos do meio ambiente que são importantes para a sociedade, orientados para a utilização da informação e com uma clara ligação com a variável ambiental. É necessário que possuam um processo de medição legítimo e prático e que possam ser revistos e atualizados como parte de um processo de gestão adaptativa, ao mesmo tempo em que auxiliam eficientemente no processo de tomada de decisão e forneçam sinais de aviso prévio sobre problemas ou questões importantes.

Para realizar a comparação das ferramentas selecionadas foram construídas cinco diferentes categorias de análise. Elas foram escolhidas intencionalmente em termos de conteúdo e quantidade, em face da literatura consultada e das possibilidades que têm de melhorar o entendimento sobre os fundamentos teóricos e empíricos de cada uma das ferramentas de avaliação estudadas. As dimensões objetivas de análise são definidas e descritas a seguir. Decorrem do referencial teórico utilizado que ressalta alguns elementos importantes, na perspectiva de diferentes autores, que devem ser considerados no desenvolvimento de sistemas de indicadores relacionados à sustentabilidade. Atente-se que essa operacionalização não restringiu nem esgotou os atributos que poderiam ser encontrados dentro de cada uma das diferentes dimensões observadas nas ferramentas de avaliação que foram comparadas. Na realidade, as categorias de análise funcionaram como mapa orientativo da análise e da comparação realizada entre as diferentes metodologias. A seguir, as categorias de análise que foram utilizadas.

Escopo

A classificação da dimensão da ferramenta, ou seu escopo, como será denominada esta dimensão de análise, fundamenta-se no que é efetivamente medido. A classificação mais comum é a de três escopos: econômico, ecológico e social. A dimensão ecológica ou biofísica se refere a informações sobre as condições e as mudanças nos recursos naturais como solo, atmosfera, incluindo clima e qualidade do ar, qualidade e quantidade de água, vida selvagem e vegetação, reservas naturais e hábitats naturais, bem como recursos não renováveis como minerais, metais e combustíveis fósseis.

O escopo econômico se caracteriza por indicadores sobre as condições e as mudanças referentes à produção, comércio e serviços, dados fiscais e monetários, (bancos, finanças, inflação, balança de comércio, orçamento) e recursos humanos (emprego, trabalho e rendimentos).

O escopo social é caracterizado por medidas referentes a condições e mudanças na demografia, saúde pública, recreação e lazer, educação, habitação, infraestrutura e serviços sociais, desenvolvimento comunitário, segurança pública, situação das comunidades indígenas, satisfação pessoal e recursos arqueológicos e históricos.

Existem classificações alternativas para o escopo ou dimensão que agrupam os indicadores dentro da abordagem de qualidade de vida. Nesse caso os indicadores cobrem outras dimensões como riqueza (bem-estar econômico); saúde (bem-estar físico); cultura (bem-estar mental/intelectual) e política (direitos civis, segurança).

O esquema orientativo a ser utilizado na análise comparativa se guiará inicialmente pelo sistema de três escopos mais conhecido mundialmente: o ecológico, o social e o econômico.

Esfera

A segunda categoria de análise refere-se ao tipo de unidade à qual a ferramenta de avaliação se aplica. As ferramentas de avaliação podem ser classificadas de acordo com a unidade espacial ou fronteira geográfica, como global, continental, regional ou local. A esfera pode se referir também às unidades político-administrativas (estados ou grupo de estados, região, províncias, municipalidade, regiões rurais, pequenas comunidades).

Em relação à esfera pode-se utilizar a classificação por ecossistema (unidades naturais com ecossistemas idênticos) como desertos, montanhas, florestas tropicais. O sistema espacial mais amplamente conhecido é o baseado nas fronteiras administrativas de diferentes unidades, fato influenciado fortemente pela maioria das fontes de dados ter sua origem em organizações que colecionam dados estatísticos ligados à estrutura administrativo-política e unidades jurídicas do Estado. Os níveis de atuação da metodologia utilizados inicialmente serão o global, nacional, regional e local.

Dados

A terceira categoria de análise empregada neste livro está relacionada aos dados utilizados pela ferramenta de avaliação. Para aprofundar a sua compreensão foram utilizadas duas características importantes: a tipologia dos dados e o seu grau de agregação.

A primeira característica refere-se ao tipo ou à ênfase metodológica dos dados utilizados nas diferentes ferramentas de avaliação. A subcategoria refere-se à utilização de informações quantitativas e/ou qualitativas e quais as proporções em que esses diferentes tipos de dados são utilizados, desde sistemas de informações totalmente qualitativos até totalmente quantitativos.

A segunda subcategoria utilizada é o nível de agregação dos dados utilizados na construção e na utilização das ferramentas de avaliação. Esse aspecto será analisado pela observação dos dados utilizados em cada uma das ferramentas e sua localização relativa dentro da pirâmide de informações mostrada na figura 2 do capítulo 4 deste livro.

Participação

Esta categoria de análise se refere especificamente à orientação, em termos de participação, da ferramenta de avaliação. Abrange desde uma abordagem *top-down*, ou orientada prioritariamente por especialistas, até uma abordagem *bottom-up*, na qual existe um grande peso para todos os atores que são envolvidos pelo processo. Os extremos da dimensão são a orientação da ferramenta determinada unicamente por especialistas até uma orientação metodológica dirigida exclusivamente pelo público-alvo.

Interface

A categoria interface está relacionada a alguns elementos considerados fundamentais para uma ferramenta de avaliação. Ela está fortemente vinculada a todas as categorias de análise anteriormente expostas e deve levantar alguns aspectos relacionados à aplicação prática de cada uma das ferramentas selecionadas em termos de instrumento de gestão ambiental pública ou privada.

A interface está relacionada ao grau de facilidade para se observar e interpretar resultados fornecidos pela ferramenta e para orientar na tomada de decisão. Refere-se ainda à confiabilidade do sistema, à facilidade de utilização e interpretação e à capacidade de descrever os aspectos mais importantes do sistema de uma maneira compreensível para os atores que devem estar envolvidos num ciclo de gestão. Está relacionada também ao poder que a metodologia pode ter de alterar comportamentos e atuar como instrumento de educação. Os aspectos que devem ser observados são a capacidade de entendimento, a facilidade de visualização e interpretação dos resultados e o processo de educação ambiental. A seguir, a descrição dessas quatro subcategorias.

- Complexidade. Está ligada à facilidade de aplicação do método como instrumento de gestão ambiental tanto público quanto privado.
- Abertura. Refere-se ao grau de abertura (*openness*) na estrutura de dados e informações utilizados nas ferramentas de avaliação. Está relacionada diretamente à capacidade e à facilidade na observação de julgamentos de valor que são parte integrante de qualquer sistema de avaliação.
- Apresentação. Refere-se à facilidade de visualizar na ferramenta de avaliação o padrão de desenvolvimento do sistema estudado de uma maneira simples, concisa e confiável.
- Potencial educativo ou pedagógico. Relaciona-se à capacidade que a ferramenta tem de melhorar a percepção dos atores sobre os principais dilemas do desenvolvimento e sua ligação com os problemas oriundos da relação entre a sociedade e o meio ambiente.

A partir da seleção das ferramentas de avaliação de sustentabilidade as bases teóricas e empíricas de cada uma foram observadas diante das dimensões de análise propostas anteriormente. Cada uma dessas categorias de análise foi contraposta aos fundamentos teóricos e empíricos das ferramentas selecionadas para esta pesquisa. A contraposição foi realizada a partir da revisão bibliográfica e da análise documental do material referente às ferramentas, bem como das experiências práticas que existem de aplicação dessas metodologias.

A especificação do problema de pesquisa mostra que é necessário atualmente compreender melhor o conceito de desenvolvimento sustentável, suas características e limitações, para que ele possa ser melhor usado como orientação geral da sociedade. Para isso, as ferramentas existentes devem ser conhecidas quanto à avaliação de sustentabilidade. Apesar de o conceito de desenvolvimento sustentável ser relativamente novo observa-se uma diversidade de abordagens na sua avaliação.

Essa diversidade está relacionada aos diferentes esquemas interpretativos relacionados ao conceito que gera uma variedade de ferramentas que lidam com sua avaliação. O processo de classificar e comparar metodologias aparece como elemento necessário para orientar os diferentes atores sociais interessados na gestão ambiental. A classificação e a comparação de ferramentas de avaliação facilitam a compreensão e orientam no campo de aplicação dos diferentes sistemas.

Sistemas de indicadores de sustentabilidade são relevantes para o processo de gestão na medida em que estão aptos a retratar a realidade de uma maneira científica destinada a orientar na formulação de políticas. A classificação auxilia na identificação das principais vantagens e, também, das limitações dos diferentes processos de avaliação existentes e fornece uma revisão sistematizada dos métodos avaliados e comparados. A análise comparativa permite que diferentes grupos com objetivos diversos e atuando em esferas diferenciadas tenham melhores condições de escolher e utilizar o método mais adequado para alcançar suas metas.

Apesar da grande importância que um levantamento comparativo tem em termos de compreensão da realidade, a presente pesquisa apresenta algumas limitações.

Primeiro, existe o limite imposto pelas próprias dimensões de sustentabilidade utilizadas. Apesar da seleção dessas dimensões sustentar-se em extensa revisão bibliográfica e documental sobre o conceito de sustentabilidade, mais especificamente a questão dos indicadores de sustentabilidade, existe um limite imposto pelas próprias dimensões de análise adotadas.

Outra limitação está relacionada à seleção das metodologias a serem comparadas. O método não induzido utilizado nesta seleção deve levar a ferramentas que abordam diferentes aspectos relacionados à sustentabilidade. Poderia ser realizada uma análise comparativa de métodos que trabalham dentro de dimensões específicas, entretanto, por se tratar de uma análise exploratória e descritiva e pelo pequeno número de experiências de avaliação, optou-se por uma comparação generalizada das ferramentas de avaliação mais conhecidas internacionalmente.

Capítulo 8

Seleção dos sistemas de indicadores: análise dos resultados

Seleção dos sistemas de indicadores

O primeiro passo para a realização da análise comparativa de ferramentas de avaliação de desenvolvimento sustentável foi a seleção das metodologias consideradas mais importantes e promissoras desse tema.

Inicialmente determinou-se isoladamente as principais ferramentas ou metodologias em desenvolvimento ou utilização referentes à avaliação de sustentabilidade. Com uma pesquisa bibliográfica, buscando literatura relacionada com o tema *indicadores de desenvolvimento* sustentável. Esse levantamento inicial foi feito independentemente da área de atuação das diferentes ferramentas de avaliação, uma vez que o objetivo era conhecer quais as metodologias que têm sido mais citadas.

O resultado conduziu a diversas iniciativas relacionadas à temática da sustentabilidade e, entre todas as ferramentas observadas, 18 diferentes métodos foram selecionados. Para a seleção inicial foram utilizados dois critérios: primeiro, o número de ocorrências, citações, da ferramenta entre os diversos artigos e relatórios pesquisados. Segundo, a existência de referencial teórico e empírico suficiente e apropriado do método. As ferramentas selecionadas estão listadas no quadro 9.

O principal objetivo dessa seleção era obter um quadro preliminar das diferentes ferramentas que estão atualmente em fase de desenvolvimento ou utilização. Esse primeiro retrato das metodologias que vêm sendo desenvolvidas e aplicadas atualmente foi utilizado na segunda etapa da pesquisa.

Na segunda etapa, verificou-se, entre as ferramentas de avaliação anteriormente selecionadas, quais as metodologias que são mais relevantes para mensurar a sustentabilidade na perspectiva de diversos especialistas da área. Para isso foi utilizado um questionário, enviado a diversos especialistas da área, de variados segmentos da sociedade, e que têm trabalhado com temas relacionados à sustentabilidade. O processo de seleção da amostra dos especialistas foi realizado a partir da construção de uma lista com os principais participantes e palestrantes dos eventos internacionais mais importantes na área de desenvolvimento sustentável e também de grupos interdisciplinares que trabalham nesta área.

Quadro 9
Principais projetos em indicadores de desenvolvimento sustentável

PSR — OECD

DSR — CSD

GPI — Cobb

HDI — UNDP

Material input per service (Mips) — Wuppertal Institut — Alemanha

Dashboard of sustainability (DS) — International Institut for Sustainable Development — Canadá

Ecological footprint model (EFM) — Wackernagel e Rees

Barometer of sustainability (BS) — IUCN — Prescott — Allen

System basic orientors (SBO) — Bossel — Kassel University

Wealth of nations — Banco Mundial

Seea — United Nations Statistical Division

National round table on the environment and economy (NRTEE) — Human/Ecosystem Approach — Canadá

Policy performance indicator (PPI) — Holland

Interagency working group on sustainable development indicators (IWGSDI) — U.S. President Council on Sustainable Development Indicator Set

Eco efficiency (EE) — World Business Council on Sustainable Development (WBCSD)

Sustainable process index (SPI) — Institute of Chemical Engineering — Graz University

European Indices Project (EIP) — Eurostat

Environmental sustainability index (ESI) — World Economic Forum

Um desses eventos foi o programa Science and Policy Dialogue, que organizou a conferência Measure and Communicate Sustainable Development. Ela foi dividida em duas partes: uma *e-conference* (conferência eletrônica), realizada entre 20 de fevereiro e 20 de março de 2001, que foi baseada em documentos para discussão, e, posteriormente, uma conferência em Estocolmo, Suécia, em abril de 2001, organizada pela Swedish Environment Protection Agency e pela Foundation for Strategic Environmental Research (MISTRA).

Essa conferência fez parte da preparação da Conferência Rio+10, na busca das alternativas para melhor medir o progresso, e seus resultados fazem parte do documento preparatório da reunião de cúpula de Gothenburg, Suécia, que foi realizada em junho de 2001. Outro evento relevante, utilizado para a seleção dos especialistas, foi o Fourth International Workshop on Indicators of Sustainable Development realizado na cidade de Praga, República Tcheca, em 1998. Também foi realizado um levantamento de especialistas ligados à sustentabilidade no grupo de pesquisa denominado Balaton Group, que é constituído por uma rede internacional de mais de 200 membros em aproximadamente 30 países. Trata-se de um grupo de estudos essencialmente interdisciplinar que lida com temas variados, entre eles a relação da sociedade e o meio ambiente e as diferentes maneiras de se visualizar a sustentabilidade.

Como foi descrito no capítulo 7, referente à metodologia do trabalho, a amostragem é intencional e representativa, e sua utilização se justifica a partir do referencial teórico, na medida em que se considera essencialmente importante utilizar pessoas que tenham um grau adequado de conhecimento sobre o significado da sustentabilidade.

Foram selecionados 80 especialistas que formam uma amostra de pessoas que atuam ou lidam com o tema de avaliação do desenvolvimento sustentável. A amostra de especialistas foi dividida em quatro categorias específicas (categorias institucionais):

- organizações governamentais — 27 especialistas;
- organizações não governamentais — 27 especialistas;
- instituições educacionais ou de pesquisa — 22 especialistas;
- instituições privadas — quatro especialistas.

A relação de todos os especialistas selecionados para realização do questionário foi omitida, por se tratar de um questionário de caráter confidencial, mas a lista das instituições dos respondentes, juntamente com o código identificador dos entrevistados, pode ser consultada no anexo B. Para cada um deles foi enviado um questionário, onde se solicitava a escolha, entre as atuais metodologias conhecidas para avaliação do desenvolvimento, das cinco ferramentas que considerava mais importantes e relevantes em termos de avaliação de sustentabilidade. Como orientação inicial foi enviada, junto ao questionário, uma lista com as 18 metodologias anteriormente selecionadas através de pesquisa bibliográfica. Entretanto, o questionário utilizado deixa aberta a possibilidade de o entrevistado adicionar quaisquer metodologias que possam ser consideradas relevantes. O modelo do questionário enviado aos especialistas é apresentado no anexo A.

Análise dos resultados do levantamento

Como já descrito, o objetivo do levantamento foi selecionar os três principais sistemas de avaliação de sustentabilidade na perspectiva dos especialistas de área. Os sistemas selecionados, independentemente das esferas e das dimensões da sustentabilidade em que atuam, foram utilizados na análise comparativa. Um questionário foi enviado para uma amostra intencional e representativa de pessoas envolvidas com o tema da sustentabilidade, divididas em quatro esferas específicas da sociedade civil. O questionário utilizado formulava uma questão aberta, onde se pedia ao entrevistado que enumerasse até cinco metodologias que considerasse importantes em termos de monitoramento da sustentabilidade. Junto ao questionário foi enviada uma lista de 18 metodologias de avaliação levantadas segundo critérios já abordados. A seguir, são descritos os resultados obtidos nesse levantamento.

Um primeiro aspecto a ser observado é relativo ao grau de retorno dos questionários. Os questionários foram enviados apenas uma única vez para o grupo-alvo, mas, apesar disso, o grau de retorno dos questionários foi elevado. Dos 80 especialistas consultados 45 enviaram uma resposta, ou seja, 56,25%, como pode ser visualizado na tabela 1 e na figura 5.

Tabela 1
Retorno dos questionários

Total de questionários enviados	80
Sem retorno	35
Com retorno	45

Figura 5
Percentual de retorno dos questionários

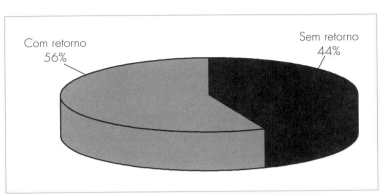

Dos 45 respondentes uma pequena parcela afirmou que não estava apta a responder, ou sugerir, metodologias por não possuir conhecimento suficientemente adequado a respeito de todas elas. Uma parcela significativa dos especialistas também não sugeriu especificamente ferramentas mais relevantes, entretanto, enviou artigos e comentários relativos tanto ao conceito de desenvolvimento sustentável quanto a alguns projetos relativos a seus indicadores. Outra parcela significativa respondeu sugerindo ferramentas que considerava mais importantes. Dentro desse grupo, alguns respondentes enviaram comentários e artigos, e outros apenas enumeraram as ferramentas mais relevantes. Na figura 6 (e tabela 2 correspondente) está a distribuição dos entrevistados que responderam à pesquisa em relação ao tipo de resposta.

Os respondentes que não selecionaram as ferramentas que consideravam mais relevantes, independentemente do fato de terem enviado comentários e artigos ou não, justificaram essa atitude alegando o desconhecimento, total ou parcial, de algumas das metodologias que foram enviadas juntamente com o questionário. Isso revela que mesmo entre os especialistas da área existe pouco conhecimento das iniciativas que vêm sendo desenvolvidas por diferentes institutos de pesquisa para mensurar a sustentabilidade. É necessário ressaltar que vários especialistas da área de desenvolvimento sustentável solicitaram ao autor da pesquisa referências sobre métodos que desconheciam.

Nas tabelas 3 e 4 estão condensadas as informações sobre os respondentes em função da categoria institucional, grau de retorno e categoria de resposta. A observação dos dados contidos nessas tabelas também permite algumas considerações.

Tabela 2
Distribuição dos respondentes

Total de respondentes	45
Não souberam responder	4
Enviaram artigos e/ou comentários mas não responderam especificamente	20
Responderam especificamente sem adicionar comentários	7
Responderam especificamente e adicionaram artigos e/ou comentários	14

Figura 6
Distribuição percentual dos respondentes

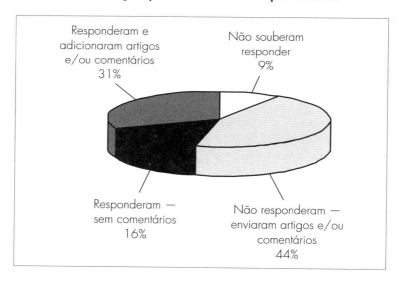

Nota-se na tabela 3 que o grau de retorno dos questionários dentro das diferentes esferas institucionais foi relativamente proporcional ao tamanho de cada uma das categorias. A única exceção se refere à categoria das organizações privadas ou comerciais, onde o grau de retorno foi nulo. Entretanto, em termos absolutos, o tamanho da amostra também era proporcionalmente menor que o das outras esferas. Dentro da categoria instituições governamentais o grau de retorno encontrado foi um pouco superior ao das outras duas categorias.

Tabela 3
Distribuição dos respondentes em função da categoria institucional e grau de retorno dos questionários

Categorias institucionais	Enviados Absoluto	(%)	Respondidos Absoluto	(%)	(%) de resposta na categoria
Instituições educacionais ou de pesquisa	22	27,50	11	24,44	50,00
Organizações não governamentais	27	33,75	15	33,33	55,56
Organizações governamentais	27	33,75	19	42,22	70,37
Instituições privadas ou comerciais	4	5,00	0	0,00	0,00

Tabela 4
Distribuição dos respondentes em função da categoria de resposta e categoria institucional

Categorias de respostas	EDU	ONGs	GOV	COM	Percentual EDU	ONGS	GOV
Responderam especificamente e adicionaram artigos e/ou comentários	5 (45,4%)	5 (33,3%)	4 (21,1%)	0	35,71	35,71	28,57
Responderam especificamente sem adicionar comentários	1 (9,1%)	3 (20,0%)	3 (15,8%)	0	14,29	42,86	42,86
Não souberam responder	2 (18,2%)	0 (0,0%)	2 (10,5%)	0	50,00	0,00	50,00
Enviaram artigos e/ou comentários mas não responderam especificamente	3 (27,3%)	7 (46,7%)	10 (52,6%)	0	15,00	35,00	50,00
Total	11	15	19	0			

GOV — organizações governamentais; ONGs — organizações não governamentais; EDU — instituições educacionais ou de pesquisa; COM — instituições privadas.

Quando se observam as categorias institucionais e as categorias de respostas (tabela 4), proporcionalmente, o menor índice de respostas específicas ficou na categoria das organizações governamentais, excetuando-se o caso das organizações privadas que, como foi descrito, não retornaram nenhum questionário. Entretanto, dentro da categoria das organizações governamentais o índice de respostas não específicas mas com adição de artigos e comentários sobre os sistemas foi alto. Isso também ocorre para as categorias educacionais e não governamentais.

O índice máximo dos que não souberam responder e não adicionaram comentários teóricos sobre as ferramentas foi de 18,2% na categoria de instituições educacionais, e o nível médio, considerando todos os tipos de instituições, foi 9%. Novamente deve-se ressaltar que o principal argumento para este grupo (não souberam responder) foi o conhecimento de algumas metodologias apenas e, por isso, a incapacidade de selecionar as que consideravam mais adequadas. Entretanto, merece atenção o fato de que, dentro das instituições educacionais e de pesquisa, esse desconhecimento é maior.

Classificação das ferramentas de avaliação

Para efeito de seleção das ferramentas de avaliação que devem ser utilizadas neste estudo comparativo consideraram-se apenas os questionários que continham respostas específicas, com ou sem artigos e comentários técnicos adicionais. O material enviado pelos entrevistados que não responderam especificamente foi utilizado neste livro para o aprofundamento da fundamentação teórica e como auxílio na construção das categorias de análise que foram utilizadas na pesquisa. Os resultados obtidos com o questionário são apresentados na tabela 5.

A tabela mostra que existe uma grande fragmentação entre os diversos especialistas quanto às metodologias de avaliação de sustentabilidade que consideram mais importantes. Entretanto, os três sistemas de indicadores mais lembrados cobrem, juntos, 35,4% das indicações. As metodologias de avaliação que obtiveram mais indicações no levantamento foram: EFM, DS e BS.

Na figura 7 e na tabela 6 estão os percentuais obtidos pelos principais sistemas de indicadores de sustentabilidade. Para efeitos de ordenamento, agruparam-se os sistemas de indicadores que obtiveram um percentual de indicação inferior a 5% no conjunto geral dentro da classe *outros* (OUT). As metodologias de avaliação que envolvem principalmente contabilidade ambiental (GPI, WN, ESI) foram agrupadas na classe *finanças* (FIN).

Tabela 5
Número de indicações obtidas pelos diferentes métodos de avaliação de sustentabilidade

Metodologia	Número de indicações (absoluto)	Percentual (%)
Ecological footprint method (EFM)	11	13,92
Dashboard of sustainability (DS)	10	12,66
Barometer of sustainability (BS)	7	8,86
Human development index (HDI)	5	6,33
Pressure, state, response (PSR)	5	6,33
Driving force, state, response (DSR)	5	6,33
Global reporting initiative (GRI)	4	5,06
Genuine progress indicator (GPI)	4	5,06
Interagency working group on sustainable development (IWGSD)	4	5,06
European Indices Project (EIP)	3	3,80
System basic orientator (SBO)	3	3,80
Environmental sustainability index (ESI)	3	3,80
Compass of sustainability (CS)	2	2,53
Policy performance indicator (PPI)	2	2,53
Driving, pressure, state, impact, response (DSIR)	2	2,53
Wealth of nations (WN)	1	1,27
Four capitals model (4KM)	1	1,27
Material input per service (Mips)	1	1,27
National round table on the environment and economy (NRTEE)	1	1,27
Environmental space (EnSp)	1	1,27
System of integrating environment and economic account (Sieea)	1	1,27
Human environment index (HEI)	1	1,27
Swedish model (SM)	1	1,27
Evaluation of capital creation options (Ecco)	1	1,27

Figura 7
Distribuição das indicações entre as ferramentas de avaliação de sustentabilidade

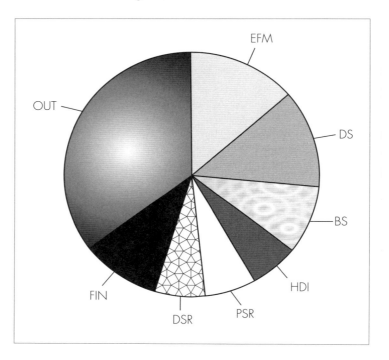

Tabela 6
Percentual de indicações das ferramentas de avaliação de sustentabilidade

EFM	DS	BS	HDI	PSR	DSR	FIN	OUT
13,92	12,66	8,86	6,33	6,33	6,33	10,13	35,44

Ocorre uma grande fragmentação de indicações entre as metodologias, entretanto os três principais sistemas de indicadores alcançam um percentual semelhante às diversas metodologias agrupadas dentro da classe *outros* (OUT). Observa-se também que, entre as ferramentas de avaliação que ficaram numa posição intermediária, ou seja, acima de 5% e abaixo das três ferramentas selecionadas, a melhor posicionada foi o HDI, que não está necessariamente ligado ao conceito de desenvolvimento sustentável. Esse fato pode ser explicado pelo grande destaque que vem sendo dado a ele na mídia recentemente. Outro aspecto interessante que deve ser ressaltado é que a metodologia sugerida pela Organização das Nações Unidas, o sistema DSR, derivado do método *pressure, state, response* não foi muito lembrado entre os entrevistados, muito embora exista uma iniciativa internacional no sentido de se desenvolver e aplicar essa ferramenta.

Da lista de 18 ferramentas previamente selecionadas, enviada juntamente com o questionário, duas não foram relacionadas pelos entrevistados: EE e o SPI. Entretanto, foram lembradas oito metodologias que não constavam da lista original.

▼ *Global reporting initiative* — uma iniciativa organizacional fortemente associada ao conceito desenvolvido pelo WBCSD de ecoeficiência e que, provavelmente, deverá ser seu substituto.

▼ *Four capitals model* — iniciativa ligada à área de contabilidade ambiental.

▼ *Compass of sustainability* — que está relacionado à ferramenta desenvolvida pelo International Institute for Sustainable Development, o *dashboard of sustainability*.

▼ *Environmental space* — desenvolvido pelo Friends of the Earth juntamente com o Instituto Wuppertal na Alemanha.

▼ DPSIR — *Driving force, pressure, state, impact, response* que é derivado do DSR.

▼ HEI — *human environment index* — SW — *Swedish model* — e Ecco — *evaluation of capital creation options*. Estes três últimos sistemas são modelos pouco conhecidos.

As etapas anteriores do projeto de pesquisa conduziram a três sistemas de indicadores relacionados à sustentabilidade que são mais reconhecidos internacionalmente na perspectiva dos especialistas em desenvolvimento sustentável. As três metodologias de avaliação mais lembradas: o EFM, o DS e o BS cobrem mais que um terço das indicações dos especialistas consultados. Assim, justifica-se a utilização dessas ferramentas na análise comparativa.

Para comparar as três ferramentas selecionadas nesta pesquisa foram observadas suas premissas teóricas, seu funcionamento e sua aplicação. No próximo capítulo cada uma dessas metodologias é explorada e descrita a partir da perspectiva dos pesquisadores que a desenvolveram, para capturar os elementos mais importantes da realização da análise comparativa a partir das categorias de análise que foram construídas na fundamentação teórica.

Capítulo 9

Apresentação dos sistemas de indicadores de desenvolvimento sustentável

Este capítulo aborda inicialmente, de forma isolada, cada uma das ferramentas selecionadas pela amostra de especialistas para realização da análise comparativa. O objetivo principal é fornecer uma descrição detalhada das metodologias escolhidas, procurando analisar os diferentes sistemas de indicadores a partir de quatro aspectos principais:

▼ histórico — que descreve a origem da ferramenta, sua história e as instituições e pessoas envolvidas no seu desenvolvimento;

▼ fundamentação teórica — com a descrição do método, seu funcionamento, suas características, as vantagens e desvantagens da ferramenta de avaliação;

▼ fundamentação empírica — que procura observar cada uma das ferramentas através de exemplos práticos de sua aplicação, quando possível;

▼ considerações críticas acerca da ferramenta de avaliação — onde se procura construir uma visão crítica da ferramenta, visando observar os conceitos principais que a fundamentam, especialmente o conceito de desenvolvimento sustentável.

A descrição e a análise das ferramentas selecionadas foram realizadas sobre pesquisa documental. Esta parte inicial, que descreve e analisa as ferramentas a partir das quatro dimensões anteriores, utilizou principalmente textos e artigos oriundos dos institutos e dos autores que desenvolveram a metodologia observada. Também foram utilizados artigos e documentos, quando existentes, de outros autores e instituições quando abordavam a ferramenta estudada. As principais fontes utilizadas neste diagnóstico preliminar e na posterior análise comparativa, referentes a cada um dos métodos de avaliação, constam das referências bibliográficas.

O ecological footprint method

Histórico

Entre os métodos selecionados para realizar esta análise comparativa, o mais lembrado pelos especialistas foi o *ecological footprint method*. O lançamento do livro *Our ecological footprint*, de Wackernagel e Rees (1996), um trabalho pioneiro sobre esse sistema, marca definitivamente a utilização dessa ferramenta para medir e comunicar o desenvolvimento sustentável. Embora esse trabalho não seja o primeiro que aborde explicitamente o conceito, foi ele que marcou o início de diversos trabalhos de pesquisadores e organizações no desenvolvimento dessa ferramenta. Uma obra mais recente, *Sharing nature's interest*, também de Wackernagel e com a contribuição de Chambers e Simmons (2000), traz o resultado do aumento de interesse sobre a ferramenta com a contribuição de mais de 4 mil websites que tratam da utilização desse sistema para as mais diferentes aplicações.

A descrição do método, bem como das suas bases teóricas, deriva basicamente das ideias dos autores e das principais publicações sobre a ferramenta. A descrição e a análise foram realizadas a partir dos pressupostos que os autores do método assumem quando procuram explicar seu funcionamento e responder a algumas críticas a seu respeito. A grande quantidade de informações e as várias aplicações da ferramenta para diferentes sistemas explicam o alto grau de reconhecimento obtido pelo método junto aos especialistas consultados.

Fundamentação teórica

Os mais variados especialistas da área de meio ambiente afirmam que uma ferramenta de avaliação pode ajudar a transformar a preocupação com a sustentabilidade em uma ação pública consistente. A ferramenta proposta por Wackernagel e Rees (1996) é denominada *ecological footprint method*, termo que pode ser traduzido como pegada ecológica e que representa o espaço ecológico correspondente para sustentar um determinado sistema ou unidade. Trata-se, segundo seus autores, de uma ferramenta simples e compreensível, e sua metodologia basicamente contabiliza os fluxos de matéria e energia que entram e saem de um sistema econômico e converte esses fluxos em área correspondente de terra ou água existentes na natureza para sustentar esse sistema.

Essa técnica é considerada pelos autores tanto analítica quanto educacional, ela não só analisa a sustentabilidade das atividades humanas como também contribui para a construção de consciência pública a respeito dos problemas ambientais e auxilia no processo decisório. O processo de avaliação reforça sempre a visão da dependência da sociedade humana em relação a seu ecossistema.

O *ecological footprint method* é descrito pelas pessoas que o desenvolveram como uma ferramenta que transforma o consumo de matéria-prima e a assimilação de dejetos, de um sistema econômico ou população humana, em área correspondente de terra ou água produtiva. Para qualquer grupo de circunstâncias específicas, como população, matéria-prima, tecnologia existente e utilizada, é razoável estimar uma área equivalente de água e/ou terra. Portanto, por definição, o *ecological footprint* é a área de ecossistema necessária para assegurar a sobrevivência de uma determinada população ou sistema. O método representa a apropriação de uma determinada população sobre a capacidade de carga do sistema total (Wackernagel e Rees, 1996; Chambers et al., 2000).

O *ecological footprint method* fundamenta-se basicamente no conceito de capacidade de carga. Para efeito de cálculo, a capacidade de carga de um sistema corresponde à máxima população que pode ser suportada indefinidamente no sistema, entretanto, parece que esta definição não é adequada para a sociedade, uma vez que a espécie humana tem a capacidade de aumentar consideravelmente seu espaço na ecosfera pela utilização de tecnologia, eliminação de espécies concorrentes, importação de recursos escassos etc. Os autores do sistema reforçam essa inadequação quando utilizam a definição de Catton (1986), que afirma que a capacidade de carga se refere especificamente à carga máxima que pode ser, segura e persistentemente, imposta ao meio ambiente pela sociedade. Para os autores do sistema, a carga não é apenas decorrente da população humana mas também da distribuição *per capita* do consumo dessa população. Como resultado dessa distribuição, a pressão relativa sobre o meio ambiente está crescendo proporcionalmente de forma mais rápida do que o crescimento populacional.

Como observado pelos autores, a carga exercida sobre o meio ambiente alcança atualmente dimensões críticas. Sendo ecológica a base do desenvolvimento humano, o método *ecological footprint* reforça a necessidade de introduzir a questão da capacidade de carga na sociedade, entretanto seus autores também abordam, em suas obras, alguns pontos críticos do sistema. Um deles é relativo à determinação do tamanho adequado da população para determinada região. Isso traz consigo uma série de problemas por duas razões principais:

▼ a carga imposta por esta população varia em função de diversos fatores como: receita média, expectativas materiais e nível de tecnologia, isto é, energia e eficiência material. De fato a capacidade de carga imposta é uma função tanto de fatores culturais quanto da produtividade ecológica;

▼ numa economia global não existe região totalmente isolada no mundo.

Alguns outros fatores também podem ser destacados: diferentemente dos outros seres vivos o consumo humano não pode ser determinado apenas biologicamente. O ser humano, além de seu metabolismo biológico, possui um "metabolismo" industrial e cultural. O método *ecological footprint* supera essa limitação, invertendo a interpretação tradicional do conceito de capacidade de carga. O método não procura definir a população para uma determinada área geográfica em função da pressão sobre o sistema, mas, sim, calcular a área requerida por uma população de um determinado sistema para que ela se mantenha indefinidamente.

Resumidamente este método consiste em estabelecer a área necessária para manter uma determinada população ou sistema econômico indefinidamente, fornecendo: energia e recursos naturais e capacidade de absorver os resíduos ou dejetos do sistema.

O tamanho da área requerida vai depender das receitas financeiras, da tecnologia existente, dos valores predominantes dentro do sistema e de outros fatores socioculturais. O *ecological footprint method* completo deve incluir tanto a área de terra exigida direta e indiretamente para atender o consumo de energia e recursos, como também a área perdida de produção de biodiversidade em função de contaminação, radiação, erosão, salinização e urbanização (Wackernagel e Rees, 1996; Chambers et al., 2000).

Hardi e Barg (1997) afirmam que o propósito da ferramenta é definir a área necessária para que um determinado sistema se mantenha. Para esses autores trata-se de um sistema fortemente aceito em vários meios, haja vista sua utilização em larga escala. Como outros modelos baseados em fluxo de energia e matéria, o sistema apenas considera os efeitos das decisões econômicas em relação à utilização de recursos no meio ambiente. O *ecological footprint method* é, portanto, função do consumo de material e energia de uma população.

O modelo assume que todos os tipos de energia, o consumo de material e a descarga de resíduos demandam uma capacidade de produção e/ou absorção de uma área finita de terra ou água. Os cálculos desse modelo incorporam as receitas mais relevantes determinadas por valores socioculturais, tecnologia e elementos econômicos para a área estudada. O *ecological footprint per capita* é definido pelo somatório de área apropriada para cada bem ou produto e o *footprint* total, por sua vez, é obtido multiplicando o *footprint per capita* pela população total (Hardi e Barg, 1997).

O método mostra, em valores numéricos, em quanto a capacidade de carga local foi excedida, na medida em que expressa a apropriação de recursos como função da sua utilização *per capita*. A ferramenta fornece um índice simples agregado, área apropriada de terra ou água, que reflete o impacto ecológico da utilização de diferentes tipos de cultura e tecnologia.

O *ecological footprint method* calcula a área necessária de terra para manter a produção de bens requeridos por um certo sistema e para assimilar os dejetos por ele produzidos. Entretanto, a tentativa de incluir todos os itens de consumo, todos os tipos de dejetos e todas as funções de um ecossistema, pode tornar o sistema muito complexo e criar problemas no processamento das informações. Os autores da ferramenta, em função disso, utilizam uma abordagem simplificada do mundo real na maioria de suas obras. Isso não significa dizer que seja impossível incorporar grande parte dessas variáveis, entretanto, como o objetivo da literatura que trata da ferramenta é a apresentação do método, os autores não consideram necessário esse aprofundamento (Wackernagel e Rees, 1996; Chambers et al., 2000).

Em geral, os exemplos fornecidos pelos autores partem de algumas suposições simplificadoras, por exemplo, o cálculo fundamenta-se na suposição de que a agroindústria utiliza métodos sustentáveis, o que não corresponde à realidade. Na maioria das vezes o cálculo do *ecological footprint* inclui apenas os serviços básicos da natureza, mas, se o processo de avaliação deve ser mais refinado, algumas funções complementares do meio ambiente podem ser adicionadas.

A atividade humana se apossa, direta ou indiretamente, dos serviços da natureza através da apropriação de recursos renováveis, extração de recursos não renováveis, absorção de rejeitos, destruição do solo, depleção de recursos hídricos, contaminação do solo e outras formas de poluição. A pesquisa se concentra nos primeiros cinco pontos e o sistema também não contabiliza duplamente uma área quando ela produz um ou mais serviços simultaneamente.

O *ecological footprint method* utiliza uma taxonomia simples da produtividade ecológica, envolvendo oito tipos de terreno ou ecossistemas, e está apenas começando a incluir áreas marinhas. Embora a sociedade utilize recursos marinhos, o mar produz uma pequena parcela do consumo humano geral e é menos sujeito à política e à gestão ambiental do que as áreas terrestres.

Por causa dos itens anteriormente abordados, o retrato fornecido pelo método é um pouco conservador em relação à utilização dos recursos naturais. Os autores ressaltam que o método é otimista porque considera sempre a melhor tecnologia e uma produtividade elevada, o que claramente não corresponde à realidade. Essa abordagem simplista é muito criticada por não considerar a variedade de sistemas que suportam a vida. Embora o escopo dessa análise seja restrito, os autores não acreditam que essas limitações enfraqueçam o sistema conceitual ou a questão relativa à conscientização, por diversos motivos:

- para seus autores o modelo possui a virtude da simplicidade. Eles afirmam que, embora completa, muitas vezes uma teoria ou modelo não é capaz de capturar todo o espectro da realidade. Por definição, cada modelo é *per se* uma abstração e interpretação de uma realidade complexa. Para capturar o que pode ser chamado de essência da realidade, um modelo deve incorporar algumas variáveis-chave e fatores que determinem e expliquem o comportamento da entidade no mundo real, ou seja, uma boa teoria deve alcançar a medida ideal entre complexidade e simplicidade. Para que sejam efetivos em determinar políticas, os modelos devem ser suficientemente abrangentes para capturar a realidade como um todo, mas simples o suficiente para serem entendidos e aplicados;

- existem certas funções dos ecossistemas que, para os autores, são impossíveis de se tratar analiticamente. Por exemplo, a dificuldade em quantificar as conexões entre o sistema de suporte da vida e a distribuição global de calor, a biodiversidade, a estabilidade climática, bem como a demanda *per capita* por esses serviços. Embora essas funções sejam essenciais para o bem-estar humano e sejam utilizadas pela sociedade como um todo, elas ainda não podem ser incorporadas ao *ecological footprint method* (Wackernagel e Rees, 1996; Chambers et al., 2000).

O procedimento de cálculo do método é baseado na ideia de que para cada item de matéria ou energia consumida pela sociedade existe uma certa área de terra, em um ou mais ecossistemas, que é necessária para fornecer o fluxo desses recursos e absorver seus dejetos. Para determinar a área total requerida para suportar um certo padrão de consumo, as implicações em termos de utilização de terra devem ser estimadas. Como não é possível estimar a demanda por área produtiva para provisão, manutenção e disposição de milhares de bens de consumo, os cálculos se restringem às categorias mais importantes e a alguns itens individuais.

Para os autores do método, estimar a área do *ecological footprint* de uma determinada população é um processo de vários estágios. A estrutura básica da abordagem adota a seguinte ordem: primeiro se calcula a média anual de consumo de itens particulares de dados agregados, nacionais ou regionais, dividindo o consumo total pelo tamanho da população. Esse processo é muito mais simples do que tentar estimar o consumo doméstico, por exemplo, por medidas diretas. Muitos dos dados necessários para essa etapa estão disponíveis em tabelas estatísticas de governos ou de organizações não governamentais. Por exemplo, consumo de energia, alimentação, florestas, produção, consumo etc. Para algumas categorias pode-se estimar tanto a produção quanto o comércio, que é importante para correção do consumo doméstico decorrente dos processos de exportação e importação.

O passo seguinte é determinar, ou estimar, a área apropriada *per capita* para a produção de cada um dos principais itens de consumo, dividindo-se o consumo anual *per capita* (kg/*capita*) pela produtividade média anual (kg/ha). Os autores lembram que alguns itens de consumo incorporam diversas entradas e a estimativa de área apropriada por entrada significante torna o cálculo do *ecological footprint* mais complicado e também mais interessante do que aparece no conceito mais básico do sistema.

A área do *ecological footprint* média por pessoa é calculada pelo somatório das áreas de ecossistema apropriadas por item de consumo de bens ou serviços. No final, a área total apropriada é obtida através da área média apropriada multiplicada pelo tamanho da população total.

A maioria das estimativas existentes do *ecological footprint method* é baseada em médias de consumo nacionais e de produtividade da terra mundiais. Essa é uma padronização no procedimento para que se possa efetuar e facilitar estudos de caso e comparações entre regiões e países. Os autores afirmam, porém, que análises mais sofisticadas e detalhadas, que procuram encontrar estimativas mais realistas, devem utilizar estatísticas locais ou regionais de produção e consumo. Os autores do sistema consideram adequado, no caso de cálculo para regiões menores, a utilização de dados específicos da região para que se possa comparar com os dados encontrados em levantamentos nacionais. Esses procedimentos podem revelar, pelo tamanho do "*ecological footprint*", os efeitos das variações regionais dos padrões de consumo, produtividade e modelo de gestão. Estudos desse tipo também podem ajudar a identificar e eliminar erros e contradições aparentes no sistema (Wackernagel e Rees, 1996; Chambers et al., 2000).

Para simplificar a coleta de dados, os autores do sistema adotaram uma classificação, a partir de categorias, para os dados estatísticos utilizados sobre o consumo. O *ecological footprint method* separa o consumo em cinco categorias: alimentação; habitação; transporte; bens de consumo e serviços.

Para análises mais refinadas, cada uma delas pode ser subdividida. Essas subcategorias podem ser definidas estrategicamente para se responder a questões específicas do sistema que se pretende observar e estudar. Para cada item de consumo uma análise detalhada deve abranger todos os recursos envolvidos que se destinam às suas produção, utilização e disposição final. A energia e os recursos abrangidos se referem às quantidades totais de energia e materiais que são utilizados em todo o ciclo de vida do bem, desde a sua manufatura até o fim do ciclo. A intensidade de energia se refere à energia embutida dentro do produto. De maneira similar, pode-se falar do *ecological footprint* incorporado por algum produto e a sua contribuição para a área apropriada pelo consumidor final. Esses princípios e definições servem tanto para produtos quanto para serviços, mesmo ponderando que muitos dos serviços são considerados essencialmente não materiais. O fato, para os autores, é que os serviços também são sustentados por fluxos de matéria e energia (Wackernagel e Rees, 1996; Chambers et al., 2000).

Os primeiros cálculos do *ecological footprint method* eram baseados em oito categorias de território ou área, classificação similar à utilizada pelo The World Conservation Union (IUCN), como mostra o quadro 10.

Quadro 10
Categorias de território

	Categoria	Caracterização
Território de energia	Território apropriado pela utilização de energia fóssil	Território de energia ou CO_2
Território consumido	Ambiente construído	Território degradado
Território atualmente utilizado	Jardins	Ambiente construído reversível
	Terra para plantio	Sistemas cultivados
	Pastagem	Sistemas modificados
	Florestas plantadas	Sistemas modificados
Território com avaliação limitada	Florestas intocadas	Ecossistemas produtivos
	Áreas não produtivas	Desertos, capa polar

Fonte: adaptado de Wackernagel e Rees (1996).

As obras mais recentes sobre o *ecological footprint method* normalmente utilizam cinco categorias de território ou área definidas como: território de biodiversidade; território construído; território de energia; território terrestre bioprodutivo; área marítima bioprodutiva.

Embora aparentemente diferentes, as duas classificações se distinguem na verdade por um único aspecto, que é a incorporação da área marítima para calcular a área apropriada. As outras diferenças se referem mais à nomenclatura utilizada para cada um dos territórios (Chambers et al., 2000).

O componente "território de energia" do *ecological footprint method* pode ser calculado de diversas maneiras. Alguns métodos estimam a área necessária para crescimento de biomassa para reposição dos recursos fósseis de energia. Os autores do sistema lembram que o combustível fóssil na verdade não passa de resultado da fotossíntese e da acumulação de biomassa em florestas e pântanos que ocorreram há milhões de anos. Alguns autores denominam os combustíveis fósseis território-fantasma: não existem mais os ecossistemas do território, mas seus recursos continuam sendo utilizados até hoje, ou pelo menos sua produtividade (Catton, 1980).

No que se refere às categorias de território, também se deve observar que nem todas as áreas ecologicamente produtivas, ou de território atualmente utilizado, são igualmente produtivas ou disponíveis para os humanos. A crescente preocupação a respeito da mudança climática também tem levado a uma cuidadosa observação da categoria referente às florestas intocadas. As categorias de território remanescentes fornecem, segundo os autores, uma variedade de bens e serviços, receita ou capital natural, que serve de suporte às atividades humanas, desde a provisão de energia comercial, passando pelo espaço para as cidades e a absorção de lixo, até a preservação da biodiversidade.

Fundamentação empírica

Como destacado no início do capítulo, para reforçar a análise de cada uma das ferramentas e a posterior comparação entre elas, procurou-se observar a existência de aplicações práticas dos diferentes sistemas, quando possível. No caso do método *ecological footprint*, que foi a ferramenta mais lembrada pelos especialistas consultados, existe uma quantidade considerável de estudos realizados abordando diferentes sistemas.

O trabalho de avaliação mais relevante e conhecido utilizando esse método foi um estudo comparativo da área apropriada por diferentes países do mundo. Esse estudo, denominado *Ecological footprints of nations* (Wackernagel et al., 1997), teve uma segunda versão publicada em 1999, onde eram comparados 52 países que respondem por 80% da população mundial (Chambers et al., 2000).

Essa avaliação utilizou dados de 1995 fornecidos pela ONU, que eram os mais recentes sobre os diferentes países que foram comparados na época da divulgação do trabalho. Já existe uma versão atualizada desse estudo, com dados de 1996, e as planilhas que contêm as bases de dados mais recentes podem ser consultadas na página da organização não governamental Redefining Progress.[1]

A metodologia para calcular o *ecological footprint* foi descrita anteriormente e, em resumo, o estudo procurou analisar cada um dos países em função do consumo de seus recursos e produtos, considerando exportação e importação. Utilizando dados globais médios de produtividade, o consumo de recursos e produtos foi transformado em área de água e terra apropriadas.

---

[1] http://www.rprogress.org.

O consumo de energia também foi transformado em área apropriada. No caso dos combustíveis fósseis, essa conversão é baseada na área equivalente de floresta necessária para sequestrar a emissão de carbono decorrente da utilização do combustível. A área denominada bioprodutiva é reduzida para 88% da área total, deixando uma área equivalente a 12% destinada à preservação da biodiversidade.

Na tabela 7 são apresentados os resultados desse estudo. Os dados estão na forma de área apropriada (hectares *per capita*) para cada um dos países analisados.

Na figura 8 pode-se observar o *ecological footprint* desses países na forma de déficit ou superávit de área apropriada. A linha fina inferior representa a área apropriada média de cada um dos países (hectare *per capita*) e a linha superior revela a área bioprodutiva disponível (déficit ou superávit ecológico). Uma linha espessa do lado direito indica um excedente de área bioprodutiva, já a mesma linha do lado esquerdo revela um déficit de área para suprir as necessidades daquele país.

Figura 8
Ecological footprint das nações

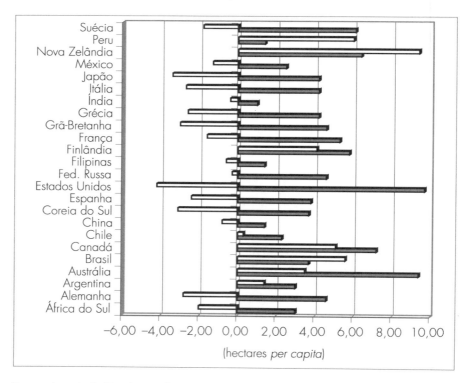

Fonte: adaptado de Chambers et al. (2000).

Indicadores de Sustentabilidade: uma Análise Comparativa ▼ 111

Tabela 7
Área apropriada equivalente das nações

País	População (1995)	Área apropriada (ha per capita)	Biocapacidade média avaliada da nação (ha per capita)	Déficit/ superávit de área apropriada (ha per capita)	Total de área apropriada (km²)	Biocapacidade total avaliada da nação (km²)
África do Sul	41.465.000	3,0	1,0	-1,9	1.224.000	415.000
Alemanha	81.594.000	4,6	1,9	-2,8	3.788.000	1.540.000
Argentina	34.768.000	3,0	4,4	1,4	1.060.000	1.542.000
Austrália	17.862.000	9,4	12,9	3,5	1.672.000	2.305.000
Áustria	8.045.000	4,6	4,1	-0,5	373.000	332.000
Bangladesh	118.229.000	0,6	0,2	-0,3	659.000	275.000
Bélgica	10.535.000	5,1	1,7	-3,4	535.000	174.000
Brasil	**159.015.000**	**3,6**	**9,1**	**5,6**	**5.670.000**	**14.545.000**
Canadá	29.402.000	7,2	12,3	5,1	2.122.000	3.615.000
Chile	14.210.000	2,3	2,6	0,3	329.000	372.000
China	1.220.224.000	1,4	0,6	-0,8	17.311.000	7.323.000
Cingapura	3.327.000	6,6	0,0	-6,5	219.000	1.000
Colômbia	35.814.000	2,3	4,9	2,6	828.000	1.765.000
Coreia	44.909.000	3,7	0,4	-3,2	1.649.000	199.000
Costa Rica	3.424.000	2,8	2,0	-0,8	96.000	68.000
Dinamarca	5.223.000	5,9	4,2	-1,7	309.000	221.000

continua

País	População (1995)	Área apropriada (ha per capita)	Biocapacidade média avaliada da nação (ha per capita)	Déficit/ superávit de área apropriada (ha per capita)	Total de área apropriada (km²)	Biocapacidade total avaliada da nação (km²)
EUA	267.115.000	9,6	5,5	-4,1	25.532.000	14.697.000
Egito	62.096.000	1,4	0,5	-1,0	896.000	294.000
Espanha	39.627.000	3,8	1,4	-2,5	1.524.000	553.000
Etiópia	56.404.000	0,7	0,5	-0,2	389.000	274.000
Fed. Russa	148.460.000	4,6	4,3	-0,4	6.839.000	6.314.000
Filipinas	67.839.000	1,4	0,8	-0,7	965.000	523.000
Finlândia	5.107.000	5,8	9,9	4,1	298.000	506.000
França	58.104.000	5,3	3,7	-1,6	3.062.000	2.153.000
Grécia	10.454.000	4,2	1,6	-2,6	438.000	165.000
Holanda	15.482.000	5,6	1,5	-4,1	867.000	238.000
Hong Kong	6.123.000	6,1	0,0	-6,1	375.000	2.400
Hungria	10.454.000	3,1	2,6	-0,5	322.000	269.000
Índia	929.005.000	1,0	0,5	-0,5	9.353.000	4.472.000
Indonésia	197.460.000	1,3	2,6	1,4	2.509.000	5.199.000
Irlanda	3.546.000	5,6	6,0	0,4	197.000	213.000
Islândia	269.000	5,0	6,8	1,9	13.000	18.000
Israel	5.525.000	3,5	0,3	-3,1	191.000	17.000

continua

País	População (1995)	Área apropriada (ha per capita)	Biocapacidade média avaliada da nação (ha per capita)	Déficit/ superávit de área apropriada (ha per capita)	Total de área apropriada (km²)	Biocapacidade total avaliada da nação (km²)
Itália	57.204.000	4,2	1,5	-2,8	2.414.000	837.000
Japão	125.068.000	4,2	0,7	-3,5	5.252.000	873.000
Jordânia	4.215.000	1,6	0,2	-1,4	69.000	8.200
Malásia	20.140.000	3,2	4,3	1,1	642.000	872.000
México	91.145.000	2,5	1,3	-1,3	2.306.000	1.158.000
Nova Zelândia	3.561.000	6,5	15,9	9,4	230.000	565.000
Nigéria	111.721.000	1,0	0,6	-0,4	1.069.000	656.000
Noruega	4.332.000	5,5	5,4	-0,1	237.000	234.000
Paquistão	136.257.000	0,9	0,4	-0,5	1.278.000	552.000
Peru	23.532.000	1,4	7,5	6,1	341.000	1.766.000
Polônia	38.557.000	3,9	2,0	-1,9	1.511.000	786.000
Portugal	9.815.000	3,8	1,8	-2,0	368.000	172.000
Reino Unido	58.301.000	4,6	1,5	-3,0	2.667.000	903.000
República Tcheca	10.263.000	3,9	2,6	-1,4	405.000	263.000
Suécia	8.788.000	6,1	7,9	1,8	534.000	695.000
Suíça	7.166.000	4,6	1,8	-2,9	333.000	127.000
Tailândia	58.242.000	1,9	1,3	-0,7	1.120.000	740.000
Turquia	60.838.000	2,1	1,2	-0,8	1.260.000	756.000
Venezuela	21.844.000	4,0	4,7	0,7	869.000	1.018.000
Mundo	5.687.114.000	2,2	1,9	-0,3	126.080.000	110.091.000

Fonte: adaptado de Chambers et al. (2000).

Os resultados desse estudo revelam que, para os níveis de produção e consumo de 1995, a área apropriada por esses países excedia a capacidade de carga produtiva do planeta em 37% (Chambers et al., 2000).

Um outro interessante estudo foi desenvolvido utilizando os dados do *ecological footprint* de 1995 juntamente com o índice anual de competitividade desenvolvido pelo Fórum Econômico Mundial (World Economic Forum, 1997). O objetivo desse estudo, patrocinado pelo Banco UBP (Union Bancaire Privée), era observar a relação entre a área apropriada e a performance econômica de 44 países. Os resultados são apresentados na figura 9.

Figura 9
Capacidade ecológica e competitividade

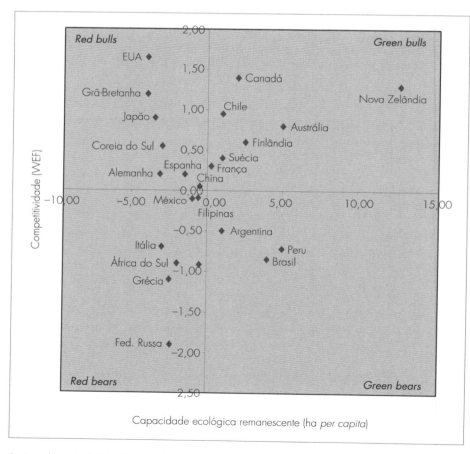

Fonte: adaptado de Chambers et al. (2000).

Os autores do estudo classificam os países em quatro categorias, usando a nomenclatura do mercado financeiro para denominá-las.

- *Green bulls* — países com alto grau de competitividade e que operam dentro de sua capacidade ecológica.
- *Red bulls* — países com alto grau de competitividade mas que operam acima de sua capacidade ecológica.
- *Green bears* — nações de baixa competitividade econômica mas operando com superávit ecológico.
- *Red bears* — nações com baixa competitividade e com déficit ecológico.

A figura 9 permite observar um número elevado de países com um alto nível de competitividade mas que possuem déficit ecológico. Eles, segundo os pesquisadores, são os responsáveis mais importantes pela superação dos problemas ambientais. Um número pequeno de países se encaixa na denominação *green bears* e os autores do estudo afirmam que eles, sem exceção, sofrem ou estão se recuperando de fortes conflitos internos. Para os autores, os países que mais preocupam são aqueles com baixa competitividade e ainda com déficit ecológico. Poucos são os países com alto grau de competitividade e com superávit ecológico. O estudo ressalta a necessidade de monitorar esses países cuidadosamente para compreender melhor suas estratégias e resultados, bem como alterações na direção do seu desenvolvimento.

Conceito de desenvolvimento sustentável

Quando procuram descrever o sistema do *ecological footprint method*, Wackernagel e Rees (1996) abordam a questão da relação da sociedade com o meio ambiente. Segundo eles, existe atualmente um elevado grau de consenso em relação ao fato de que o ecossistema terrestre não é capaz de sustentar indefinidamente o nível de atividade econômica e de consumo de matéria-prima. Simultaneamente, o nível de crescimento econômico médio da economia avaliado pelo crescimento do PIB tem sido de 4% ao ano, o que implica um tempo estimado de 18 anos para dobrar a atividade econômica.

Para eles, um dos fatores principais de pressão sobre a ecosfera é o crescimento populacional, muito embora ressaltem que grande parcela desse crescimento ocorre em países do Terceiro Mundo onde o consumo *per capita* é mais reduzido do que nos países do Primeiro Mundo. Na verdade se observa que o consumo de energia *per capita* aumentou mais do que o crescimento populacional e que aumentou também a diferença entre ricos e pobres no mundo após a II Guerra Mundial.

Para os autores da ferramenta, a base do conceito de sustentabilidade é a utilização dos serviços da natureza dentro do princípio da manutenção do capital natural, isto é, o aproveitamento dos recursos naturais dentro da capacidade de carga do sistema.

Na perspectiva dos autores do *ecological footprint method*, o modelo atual de desenvolvimento é autodestrutivo e as diversas iniciativas para modificar esse quadro não têm sido suficientemente efetivas para reverter o processo de deterioração global. Enquanto isso, a pressão sobre a integridade ecológica e a saúde humana continua aumentando. Por isso, iniciativas mais efetivas para alcançar a sustentabilidade são necessárias, incluindo-se o desenvolvimento de ferramentas que estimulem o envolvimento da sociedade civil e que avaliem as estratégias de desenvolvimento, monitorando o progresso (Wackernagel e Rees, 1996; Chambers et al., 2000).

Observa-se que, mesmo preocupados essencialmente com a capacidade de carga como base da sustentabilidade, os autores mostram implicitamente a necessidade de alcançar o público-alvo e que a ferramenta seja útil no processo decisório, uma vez que ela deve monitorar o progresso e avaliar as estratégias de desenvolvimento.

Para seus autores, o *ecological footprint* reflete a realidade biofísica. Eles reafirmam que o método mostra uma natureza finita e que o sonho do crescimento ilimitado não é realizável. Advertem ainda que, apesar de atrativa, a visão do crescimento sem limites pode destruir a espécie. O método proposto pelos autores provoca o reconhecimento de que a sociedade enfrenta atualmente um desafio, torna-o aparente e direciona a ação para alcançar padrões de vida mais sustentáveis. Na perspectiva da ferramenta de avaliação, o primeiro passo para um mundo mais sustentável é aceitar as restrições ecológicas e os desafios socioeconômicos que elas exigem.

Segundo Chambers e colaboradores (2000), a maioria das análises considera o meio ambiente como externo, separado das pessoas e do mundo do trabalho, um fato decorrente de herança cultural e ética. As sociedades contemporâneas tendem a se enxergar como independentes da natureza. Quando a atividade econômica gera algum prejuízo ambiental, isso é visto normalmente como externalidade negativa, expressando claramente a posição que o meio ambiente ocupa na consciência coletiva — normalmente na sua periferia.

Os autores partem de uma perspectiva diferente, afirmando que o mundo natural não pode ser separado do mundo do trabalho. Em termos de fluxo de matéria e energia simplesmente não existe o termo externo, sendo que a economia humana nada mais é do que um subsistema da ecosfera, uma das premissas básicas do sistema segundo os autores. A sustentabilidade exige que se passe da gestão dos recursos para a da própria humanidade.

O modo de vida nas metrópoles geralmente dificulta a percepção da real dependência da sociedade em relação à natureza. Apesar dessa dificuldade, a sociedade não está apenas conectada à natureza mas é parte dela. Comer, beber, respirar provocam a troca constante de matéria e energia com o meio que nos cerca. Na figura 10 é apresentada a relação da ecosfera com a sociosfera, seu subsistema, na perspectiva de Wackernagel e Rees (1996).

Figura 10
Relação ecosfera e antroposfera na visão do ecological footprint method

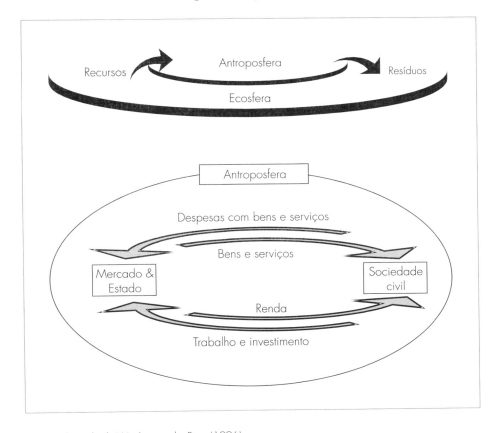

Fonte: adaptado de Wackernagel e Rees (1996).

Se o objetivo é viver de uma maneira sustentável, deve-se assegurar que os produtos e processos da natureza sejam utilizados numa velocidade que permita sua regeneração. Apesar das tendências de destruição do sistema de suporte, a sociedade opera como se ele fosse apenas uma parte da economia.

Como exemplo, os autores descrevem o caso da agricultura: ela é considerada apenas como parte do setor extrativo e, sendo uma atividade primária, pouco contribui para o produto interno bruto de um país, principalmente nas nações mais desenvolvidas. O pensamento generalizado não considera que os produtos gerados por esse sistema são indispensáveis para a atividade humana e para o seu bem-estar, embora em termos de valoração monetária sejam insignificantes. De maneira similar, muitos pesquisadores reduzem a temática ambiental à questão da poluição que, apesar de importante, se refere apenas a uma dimensão do problema ambiental. A poluição não apenas reduz a produtividade futura como pode provocar o colapso de um sistema biológico, que afinal é um dos componentes de suporte à vida.

Os autores do *ecological footprint method* ressaltam a impossibilidade, com a tecnologia atual, de se alcançar um padrão de vida comparável ao norte-americano para toda a humanidade. Utilizando os dados de 1995, seriam necessários mais dois planetas Terra para sustentar um padrão desse tipo. Concomitantemente, diversos estudos atuais mostram o grau de degradação ambiental e o fato de que a economia humana ultrapassou os limites seguros, ao mesmo tempo em que boa parcela da população mundial não é capaz de suprir suas necessidades básicas.

Para Wackernagel e Rees (1996), a confusão envolvendo o conceito de desenvolvimento sustentável não é totalmente inocente; de alguma maneira essa discussão reflete os conflitos de interesse acerca do tema. Eles argumentam que a sustentabilidade é na verdade um conceito simples, ao menos conceitualmente, e ponderam que as implicações do modelo *ecological footprint method* podem ajudar a entender pelo menos as necessidades ecológicas para se alcançar uma sociedade sustentável.

Embora simples conceitualmente, a definição de desenvolvimento sustentável pode levar a estratégias conflitantes. Para Wackernagel e Rees (1996) o ponto de ruptura do modelo de desenvolvimento foi o Relatório Brundtland (WCED, 1987), quando os efeitos destrutivos do modelo geral de desenvolvimento sobre aspectos sociais e ambientais realmente entraram na agenda política.

A interpretação dos autores para a definição do Relatório Brundtland é que o imperativo econômico convencional, maximização da produção econômica, deve ser restringido em favor dos imperativos sociais (minimização do sofrimento humano atual e futuro) e ecológicos (de proteção da ecosfera). O desenvolvimento sustentável depende então de reduzir a destruição ecológica, principalmente pela diminuição das trocas de energia e matéria-prima dentro da economia. A sustentabilidade para os autores se assemelha à proposta do Mips, de desmaterialização da economia e do aumento da qualidade de vida, principalmente para a maioria mais pobre do mundo. Pela primeira vez o meio ambiente e a equidade se tornam fatores explícitos dentro da questão do desenvolvimento.

Partindo da definição do Relatório Brundtland, os autores afirmam que, conceitualmente, desenvolvimento sustentável assume uma definição simples, que significa viver dentro do conforto material e em paz com os outros com os meios disponíveis na natureza. Apesar dessa aparente simplicidade, existe uma intensa discussão sobre as implicações políticas desse conceito.

A necessidade de uma vida justa dentro dos meios fornecidos pela natureza é, aparentemente, um dos aspectos mais comuns da definição de desenvolvimento sustentável. Para muitos autores, uma das fontes de conflito é óbvia: o termo desenvolvimento sustentável é ambíguo. Alguns autores se identificam mais com o termo sustentável representando transformações sociais e ecológicas, e outros mais com o termo desenvolvimento, crescimento, de uma maneira renovada, diferente da atual. As diferenças na questão do desenvolvimento sustentável são causadas não por falta de entendimento, mas sim por questões ideológicas (Lélé, 1991). A imprecisão do conceito é deliberada e reflete o poder de barganha política entre os países. Diversos autores afirmam que um dos pontos principais para obscurecer a noção de desenvolvimento sustentável está colocado na falta de precisão em distinguir o desenvolvimento do mero crescimento.

Os autores do *ecological footprint method* argumentam que essa dificuldade é superada por Daly (1992, 1989) quando ele afirma que o crescimento está relacionado ao aumento em tamanho, e desenvolvimento está ligado à realização de um potencial. De maneira resumida, pode-se afirmar que crescimento significa ficar maior enquanto desenvolvimento representa ficar melhor. Para Daly, o desenvolvimento sustentável refere-se à melhoria social contínua, sem crescer além da capacidade de carga da ecosfera. Outras dificuldades, porém, estão escondidas no termo desenvolvimento sustentável: as condições necessárias para viver sustentavelmente (metas ou estados); os meios sociopolíticos para alcançá-las; as estratégias particulares para resolver problemas presentes (problema da fragmentação).

Para Wackernagel e Rees (1996), que são os principais pesquisadores da ferramenta *ecological footprint method*, as principais causas da tímida entrada da agenda ambiental na sociedade são: conflito de interesses; visões de mundo — paradigmas — diferenciadas; incapacidade de análise; expectativas crescentes em termos de consumo e medo de mudanças.

A sustentabilidade requer um padrão de vida dentro dos limites impostos pela natureza. Utilizando uma metáfora econômica, deve-se viver dentro da capacidade do capital natural. Embora o capital natural seja fundamental para a continuidade da espécie humana sobre a Terra, as tendências mostram uma população e consumo médio crescentes, com decréscimo simultâneo desse capital. Essas tendências levantam a questão de quanto capital natural é suficiente ou necessário para manter o sistema. A discussão dessas diferentes possibilidades é que origina os conceitos de sustentabilidade forte e fraca.

Os autores argumentam que, no nível atual de depleção dos recursos naturais e de mudanças globais, o estoque de capital natural está se tornando insuficiente ou inadequado para assegurar uma estabilidade ecológica de longo prazo. Assim, eles consideram que a sustentabilidade forte é uma condição necessária para se promover um desenvolvimento ecologicamente sustentável (Wackernagel e Rees, 1996; Chambers et al., 2000).

Essa condição será alcançada apenas se cada geração herdar um estoque adequado de recursos biofísicos, que não deve ser menor do que o estoque de recursos semelhantes recebidos pela geração anterior. Nesse ponto da discussão torna-se explícita a noção de sustentabilidade do método, sustentabilidade forte, sem possibilidade de trocas entre capitais. O respeito e a preservação das espécies e dos ecossistemas, pelos seus valores intrínsecos, devem automaticamente assegurar a sustentabilidade ecológica da espécie humana.

Para os especialistas que desenvolveram o *ecological footprint method*, a manutenção de uma linha muito próxima das fronteiras ecológicas do sistema não é suficiente para alcançar a sustentabilidade. Aqui, observa-se uma crítica à sustentabilidade fraca. Para os autores da ferramenta, a sustentabilidade deve assegurar uma qualidade de vida satisfatória para todos e um dos pontos mais importantes é trabalhar para alcançar alguns padrões de equidade de materiais, insumos, e de justiça social dentro e entre as nações.

Os defensores do método também ressaltam alguns paradoxos do Relatório Brundtland, afirmando que em alguns pontos ele estimula um crescimento econômico mais rápido nos países menos desenvolvidos e também nos mais desenvolvidos, afirmando que o crescimento e a diversificação devem ajudar as nações em desenvolvimento a mitigar a pressão sobre o desenvolvimento rural. Alcançar o desenvolvimento sustentável consiste, para a comissão que elaborou o relatório, numa maior participação no processo decisório, em novas formas de cooperação multilateral, na extensão e compartilhamento de novas tecnologias, no aumento dos investimentos internacionais, num papel maior para as corporações transnacionais, na remoção das barreiras artificiais do comércio e na expansão do mercado global. É por essa razão que alguns críticos do relatório argumentam que a interpretação do conceito de desenvolvimento sustentável por essa comissão trata na verdade da cooptação pelo *mainstream* para que se perpetue a maioria dos aspectos do modelo expansionista dominante, debaixo de uma bandeira relativamente nova (Taylor, 1992).

O núcleo da sustentabilidade se encontra, para os adeptos do sistema *ecological footprint method*, na possibilidade da produção da natureza ser suficiente para atender às demandas presentes e futuras e para manter a economia indefinidamente. O problema, segundo eles, é que, convencionalmente, no modelo econômico os fatores de produção podem ser substituídos uns pelos outros, a escassez de um fator leva à substituição por outro indefinidamente e a noção de limitação é completamente ignorada. A análise é baseada num fluxo circular de trocas.

Também não existem referências às modernas interpretações sobre a segunda lei da termodinâmica, que considera a economia uma estrutura complexa dissipativa. A análise monetária é muito importante no mundo moderno mas geralmente é falha na avaliação de sustentabilidade ou na percepção sobre restrições de capital natural. Os autores do sistema enumeram algumas limitações da análise monetária.

- O sistema de monetarização do capital natural passa a imagem de um capital natural constante, e, na verdade, constante é seu valor monetário mas não a sua base física.

- Em vários casos, a escassez ecofuncional ou física é pouco refletida no sistema de mercado. O sistema de preços de mercado diz muito pouco sobre o tamanho do estoque de recursos naturais. Na verdade, o sistema de preços não monitora normalmente o tamanho, ou reserva, de recursos, mas apenas a escassez de curto prazo do bem no mercado. Mesmo assim, o mercado não sofre uma grande influência desse aspecto, é mais influenciado pela demanda em curto prazo, pelo nível tecnológico, pela intensidade ou nível de competição no ramo, pela existência de bens substitutos etc. Qualquer valor remanescente do preço como indicador de escassez de recursos é reduzido pelo comportamento dos complexos sistemas econômicos.

- A análise monetária é sistematicamente desviada de seu foco pelo processo de desconto. A taxa de desconto faz com que a natureza apresente menor valor no futuro do que no presente, entretanto, a própria vida depende da continuidade ecológica. A sociedade sacrifica recursos para obter desenvolvimento, uma vez que os benefícios de curto prazo excedem o valor presente do capital natural futuro, que é descontado.

- A utilidade da valoração monetária é reduzida pelas flutuações do mercado que afetam os preços mas não os valores ou a integridade do capital natural.

- A valoração monetária não distingue entre diversos tipos de bens. Todos os bens, dentro do sistema monetário, têm, teoricamente, o mesmo valor. Entretanto, de fato, alguns bens e serviços são pré-requisitos para a vida e, dessa maneira, não são comparáveis a outros bens apenas monetários. O capital natural é um pré-requisito para os bens de produção humanos.

- O potencial de crescimento financeiro é teoricamente ilimitado, o que obscurece a possibilidade de existirem limites biofísicos para o crescimento econômico. A eficiência de Pareto, abordando a metáfora de Daly, "apenas garante que o navio afunde no tempo ótimo".

▼ Uma das críticas mais importantes é aquela referente ao fato de não existir mercado para alguns elementos críticos do capital natural e os processos de suporte à vida. Como exemplo, os autores relacionam a camada de ozônio, o processo de fixação de nitrogênio, a distribuição de calor, a estabilidade climática etc. A abordagem convencional econômica sobre a sustentabilidade se concentra apenas nos valores econômicos de alguns bens e é insensível a alguns elementos intangíveis. Para esses especialistas, não é de se espantar que muitos economistas atualmente venham dando mais atenção a métodos para introjetar valor na natureza, porém ainda existem sérias limitações a este respeito.

Para esses autores, a maioria das abordagens monetárias é insensível a diversos aspectos relacionados à sustentabilidade porque não reflete adequadamente a escassez biofísica, equidade social, continuidade ecológica, incomensurabilidade estrutural, integridade funcional, descontinuidade temporal e comportamentos sistêmicos complexos (Wackernagel e Rees, 1996; Chambers et al., 2000).

Embora no atual estágio a ferramenta *ecological footprint* também seja baseada em um número limitado de itens de consumo e fluxo, o sistema procura sensibilizar as pessoas em relação aos limites da natureza, destacando fatores que, muitas vezes, não são observados ou pelo menos não são conscientemente observados. Trata-se, para seus autores, de uma ferramenta de comunicação e comparação de impactos ambientais que são decorrentes de diferentes projetos. O sistema também pode fornecer uma avaliação contínua, na escala cronológica, da carga total sobre o sistema e de seus componentes como utilização de recursos renováveis, geração de resíduos, expansão do ambiente urbano etc. Ao mesmo tempo o método levanta importantes questões sobre a consciência ambiental, com possibilidades de aplicação na rotulagem ambiental.

Uma das vantagens destacadas pelos autores do sistema é sua adequação às leis da física, especialmente às leis de balanço de massa e energia da termodinâmica. Para Wackernagel e Rees (1996), a sociedade deve atentar para o conceito da segunda lei da termodinâmica. Outra vantagem apresentada pelo método é sua adaptabilidade às condições locais. Os autores colocam que não adianta apenas utilizar o fluxo de energia global, por exemplo do Sol, por metro quadrado, quando essa energia é diferentemente aproveitada nos diferentes sistemas da ecosfera. A questão ecológica fundamental que se coloca dentro do desenvolvimento sustentável é se os estoques de capital natural serão suficientes para atender a demanda antecipada de recursos. Para os defensores do *ecological footprint method*, o sistema aponta para essa questão diretamente, fornecendo um meio de comparação da produção do sistema da ecosfera com o consumo gerado dentro da esfera econômica. Ele indica onde existe espaço para maior crescimento econômico ou onde as sociedades extrapolaram a capacidade de carga. Na perspectiva dos autores, o método pode ajudar a sociedade a enxergar melhor o sistema onde ela opera e quais são as suas principais restrições, orientando a política e monitorando o progresso na busca da sustentabilidade (Wackernagel e Rees, 1996; Chambers et al., 2000).

Os autores ressaltam que o método não deve estimular a sociedade a viver no limite da capacidade de carga, mas, sim, deve mostrar o quão próximo a sociedade se encontra de seus limites. A resiliência ecológica e o bem-estar social serão assegurados se a carga humana sobre o meio ambiente localizar-se abaixo da capacidade-limite.

O reconhecimento dos limites biofísicos levanta questões sociais e econômicas importantes, uma delas referente ao superconsumo e sua relação, muitas vezes escondida, com a exploração de recursos naturais do Terceiro Mundo. Também alerta para o problema da pobreza, da desigualdade social e do sofrimento humano. Por ressaltar a questão dos limites, o *ecological footprint method* caracteriza-se, para seus autores, como um sistema intuitivo de consciência ambiental, que é expresso em termos concretos e estimula o debate e o entendimento da situação atual sugerindo meios de ação. O sistema adota critérios físicos, de diferentes projetos e tecnologias, para a tomada de decisão em função de seus respectivos impactos. Ele revela claramente o imperativo global da ação local, demonstrando que os impactos sociais e ecológicos do consumo atingem todo o sistema. O método introduz uma dimensão moral da sustentabilidade mostrando a contribuição de cada população para o declínio global da ecosfera.

Alguns autores (Developing Ideas, 1997) afirmam que o *ecological footprint method*, como uma ferramenta que calcula a capacidade de carga apropriada, deve ser utilizado principalmente pelas cidades, pois elas dependem, para seu crescimento e sobrevivência, do meio ambiente. A área do *ecological footprint* triplicou no último século, por outro lado a porção correspondente de terra, ou área apropriada, para cada indivíduo sofreu redução da mesma magnitude, isto é, foi dividida por três. Sendo assim, a ferramenta tem papel destacado como sistema de auxílio na tomada de decisão e consciência dos limites do crescimento, mesmo não tratando diretamente do estado da sociedade no futuro, pois não está preocupada em fazer previsões.

As vantagens do sistema, para Hardi e Barg (1997), são a sua facilidade de entendimento, não da realização do cálculo, mas da mensagem final, que é clara, possibilitando capturar a lógica da sustentabilidade. É um índice agregado excelente que conecta várias questões ou temas da sustentabilidade, como desenvolvimento e equidade. O modelo é capaz de mostrar a extensão em que a capacidade de carga foi ultrapassada, a dependência da sociedade em relação ao comércio, revela as consequências de receitas médias substancialmente diferentes e a influência da tecnologia nos impactos ambientais. A utilização de área de terra ou água como numerário, mais do que dinheiro ou energia, faz com que o sistema seja de fácil entendimento e permite cálculos provocativos. Trata-se, enfim, segundo Hardi e Barg (1997), de uma boa ferramenta para análise de impacto ambiental.

Apesar das vantagens enumeradas, muitos críticos consideram o sistema pouco científico e muito pretensioso, sendo que modelos do tipo proposto pela ferramenta representam apenas um retrato da realidade, e a capacidade da ciência de comprovar as interações com o meio ambiente que levariam à sua degradação é limitada. Em relação a esse e outros aspectos, os autores reconhecem que o modelo é limitado, representando apenas uma parcela da realidade, entretanto, grande parte dos modelos em ciência é assim e foi utilizada, na maioria das vezes, com sucesso. Os autores do sistema afirmam que o método subestima a área necessária para sustentar um determinado sistema. Eles consideram que ainda não existem condições de se afirmar exatamente como a natureza funciona, mas com alguns modelos fundamentais podem-se calcular estimativas, novamente subestimadas, da carga humana sobre a ecosfera. Não é possível obter precisão absoluta na gestão da natureza, mas linhas de orientação para a sociedade viver dentro de um padrão mais seguro.

Os autores também rebatem aqueles críticos que advogam que apenas um mercado livre pode assegurar um desenvolvimento equitativo. Esses críticos afirmam que o mercado é capaz de resolver os problemas ambientais se seu funcionamento alcançar um maior grau de "perfeição". Para os defensores do mercado, as tendências dentro do sistema de mercado são "claras", isto é, crescimento econômico maior do que o crescimento populacional, nível crescente de educação, crescimento da produção agrícola etc. O fato de existirem problemas ambientais é decorrente da falta específica de definições dos direitos de propriedade sobre os recursos naturais e dos preços não incluírem os custos reais desses insumos. Com a construção de mecanismos de preços reais o mercado será capaz de eliminar esses problemas externos. O melhor caminho para a sociedade, segundo os defensores dessa tese, deve ser alcançado pelo interesse individual que se concretiza no livre mercado.

Os autores da metodologia concordam, em parte, com essa argumentação afirmando que, se os preços dos recursos da natureza estão subestimados, eles são utilizados de maneira abusiva. Os autores sugerem que os ajustes dos preços por taxas de depleção e encargos de poluição podem ser ferramentas efetivas para reduzir atividades que são maléficas ou fortemente impactantes ao meio ambiente, entretanto argumentam que o *ecological footprint method* pode ajudar nesse processo por se tratar de uma ferramenta de avaliação que auxilia na visualização do custo efetivo do crescimento econômico. Os autores do sistema não demonstram uma confiança ilimitada no sistema de mercado, afirmando que ele não é capaz de resolver todos os problemas atuais, uma vez que nem todos os valores podem, ou devem, ser privatizados ou monetarizados. De fato, muitas decisões sobre as pessoas, recursos e a ecosfera devem continuar dentro da esfera política (Wackernagel e Rees, 1996; Chambers et al., 2000).

Quanto aos defensores do livre-comércio, que incentiva a produção dentro das características locais permitindo eficiência econômica, os autores apenas questionam a posição dos economistas, que analisam unicamente os fluxos monetários sem observar os fluxos ecológicos e suas consequências. Embora muitos países tenham uma produtividade econômica exuberante, sua produtividade ecológica pode ser reduzida, uma vez que mantêm seu elevado grau de consumo a partir da importação. A expansão do comércio global aumenta o consumo, juntamente com a depleção de recursos naturais, incrementando, dessa maneira, a velocidade da degradação ambiental. Esse aspecto aborda um ponto interessante sobre a consciência a respeito dos problemas ambientais em países com produtividade ecológica baixa. As populações desses países encontram-se psicológica e geograficamente distantes do processo de depleção, mas concentradas localmente na temática ambiental, e, em termos globais, não são das mais relevantes. Além do fato de acelerar a exploração e, logicamente, a destruição dos recursos naturais, os benefícios econômicos advindos da globalização do comércio não vêm sendo distribuídos igualmente.

Quanto aos cientistas que abordam a questão da impossibilidade atual de prever o comportamento dos sistemas naturais, e da própria sociedade, no futuro, os autores afirmam que o *ecological footprint method* não é uma ferramenta preditiva, e sim procura fornecer um retrato da atual demanda da sociedade sobre a natureza. Embora a extrapolação dos resultados possa ser utilizada para observar futuras barreiras no ritmo de desenvolvimento, as variáveis que não são controláveis são tão grandes que inviabilizam sua utilização. A análise pelo *ecological footprint* pode apenas oferecer visões sobre quanto a sociedade deve reduzir seu consumo, alterar sua tecnologia ou mudar seu comportamento para alcançar a sustentabilidade. O método pode mostrar, de maneira gráfica, e, assim, mais claramente, a iniquidade material presente que persiste entre países com menores rendas em relação aos países mais desenvolvidos.

Os autores do sistema também rebatem as críticas feitas pelos defensores mais otimistas da inovação tecnológica que argumentam que a tecnologia sempre foi capaz de superar os desafios lançados pela humanidade e que, durante toda a história humana, se discutiram os limites humanos e todas essas discussões foram ultrapassadas pela inovação tecnológica. Quando a sociedade se depara com um novo desafio ou limite, ela apela para um recurso infinito: a mente humana e seu potencial de inovação. Em resposta a esses argumentos, os autores afirmam que o *ecological footprint method* não questiona a importância da tecnologia, já que ela pode desempenhar um papel fundamental num desenvolvimento mais sustentável, entretanto deve-se ter sempre em mente que algumas tecnologias não reduziram a utilização de recursos, mas apenas substituíram capital, recursos e máquinas por trabalho. Os autores citam o exemplo da modernização agrícola, onde o crescimento da colheita pela mecanização se deu com o uso mais intensivo de energia, recursos e água por unidade de produção. Os autores destacam novamente a importância da ferramenta, pois ela pode fornecer um retrato mais real dos benefícios efetivos de determinada tecnologia. Assim, pode-se evitar que aumentos de eficiência no processo não estejam sendo perdidos com o aumento do consumo no outro extremo da produção (Wackernagel e Rees, 1996; Chambers et al., 2000).

Os autores rechaçam as críticas que consideram a temática da sustentabilidade relacionada a uma visão negativa do futuro. Os críticos associam a preocupação ambiental a uma visão pessimista da realidade, para eles trata-se de uma aptidão apocalíptica, uma visão que sempre existiu na história da humanidade, mas que nunca realmente se efetivou. Como resposta, os defensores do *ecological footprint method* argumentam que o fato de perceber a natureza como finita não é ter uma visão pessimista da realidade. Na verdade, para eles, ignorar essa premissa pode arriscar o futuro bem-estar da sociedade. O método coloca claramente que a sociedade deve viver dentro da capacidade de carga do planeta. O modo de vida atual no planeta é autodestrutivo, e o *ecological footprint* é uma ferramenta que auxilia a entender os limites da biosfera e a reorientar este modo de vida para uma direção mais sustentável.

Outros críticos afirmam que a energia deve ser a condutora do desenvolvimento. Na medida em que exista energia suficiente pode-se alcançar todos os objetivos. Assim, a escassez ecológica é temporária pois, para eles, a sociedade pode alcançar, no futuro, um recurso inesgotável de energia. Os autores que defendem os limites do desenvolvimento destacam que realmente existe uma grande quantidade de energia. Isso pode ser observado quando se compara a utilização de energia fóssil, 10 terawatts, com a energia descarregada pelo Sol na Terra, 175 mil terawatts. Uma maior disponibilidade de energia, para os defensores do *ecological footprint method*, realmente aumenta as possibilidades humanas, mas a função de recepção de dejetos dentro da ecosfera pode ficar comprometida. Uma oferta excessiva de energia é uma aposta arriscada e o objetivo de se aumentar a produção de energia deve ser a qualidade de vida (Wackernagel e Rees, 1996: Chambers et al., 2000).

Bossel (1999) afirma que o *ecological footprint method* captura, de maneira muito eficiente, a esfera ambiental da sustentabilidade que é afetada pela atividade econômica humana, mas o sistema não atua na dimensão social da sustentabilidade. A ferramenta aborda apenas a questão dos recursos naturais e, embora seus autores afirmem a preocupação com a economia e a sociedade, não se ocupa desses campos. Destaca-se novamente a vantagem de enxergar o ser humano como parte do e limitado por seu meio natural. Também existe a preocupação com a redução dos impactos das atividades antropogênicas (Developing Ideas, 1997).

Outra limitação, segundo Hardi e Barg (1997), refere-se ao fato de o sistema ser estático, não permitindo extrapolações no tempo. Os resultados refletem um estado atual e a ferramenta não pretende fazer extrapolações, apenas sensibilizar a sociedade. O sistema também não inclui diversas questões importantes, que muitas vezes estão diretamente relacionadas à utilização da terra, como áreas perdidas de produtividade biológica em função de contaminação, erosão e utilização urbana. O *ecological footprint method* apenas considera os efeitos econômicos das decisões relativas à utilização de recursos. Essas simplificações na metodologia de cálculo muitas vezes levam a perspectivas mais otimistas do que efetivamente ocorre na realidade.

O dashboard of sustainability

Histórico

As pesquisas sobre o *dashboard of sustainability* se iniciaram na segunda metade dos anos 1990, num esforço concentrado de várias instituições para se alcançar uma ferramenta robusta de indicadores de sustentabilidade que fosse aceita internacionalmente. Esse trabalho é liderado atualmente pelo Consultative Group on Sustainable Development Indicators (CGSDI), um grupo de trabalho que funciona em uma rede de instituições que operam na área de desenvolvimento e utilizam sistemas de indicadores de sustentabilidade.

Para responder à necessidade de harmonizar os trabalhos internacionais em indicadores de sustentabilidade e com foco nos desafios teóricos já mencionados de criar um sistema simples mas que ao mesmo tempo representasse a complexidade da realidade, o Wallace Global Fund iniciou um projeto em colaboração com diversos especialistas que resultou na criação em 1996 do CGSDI. O grupo consultivo tem como missão promover cooperação, coordenação e estratégias entre indivíduos e instituições-chave que trabalham no desenvolvimento e utilização de indicadores de desenvolvimento sustentável.

Uma característica do CGSDI é que ele foi organizado desde o início como um sistema de trabalho baseado na internet, o que possibilita a participação de membros de diversos países. Um encontro preparatório para a sua constituição foi organizado no World Resources Institute (WRI), em agosto de 1996, onde se estabeleceram os seus membros e a sua coordenação, que está sob a responsabilidade do International Institute for Sustainable Development

(IISD), localizado em Winnipeg, no Canadá. Os trabalhos do grupo consultivo se iniciaram efetivamente em setembro de 1996.

Depois de intensa comunicação na internet, incluindo a revisão de índices agregados já existentes, debates conceituais sobre diferentes sistemas e discussões a respeito dos aspectos técnicos dos sistemas de indicadores, o CGSDI organizou seu primeiro encontro em Middleburg, Virgínia, em janeiro de 1998.

Após inúmeros debates, o grupo decidiu pela criação e desenvolvimento de um sistema conceitual agregado que fornecesse informações sobre a direção do desenvolvimento e seu grau de sustentabilidade. Ele ficou conhecido como *compass of sustainability*, e foi refinado durante todo o ano de 1998.

De janeiro a março de 1999, o Consultative Group concentrou-se em conectar seu trabalho com a iniciativa de desenvolvimento de indicadores do Bellagio Forum for Sustainable Development. Como resultado, o grupo criou a metáfora do painel que gerou o modelo denominado *dashboard of sustainability*. Esse sistema foi endossado por todos os participantes do grupo consultivo que, além disso, propuseram a criação de um protótipo dessa ferramenta a partir da sugestão das dimensões da sustentabilidade propostas pelos participantes de seu último workshop.

Um importante auxílio no desenvolvimento do modelo foi obtido no workshop Science and Policy Dialogue for the Design of Effective Indicators of Sustainable Development, realizado em maio de 1999, cuja origem foi o Bellagio Forum for Sustainable Development. Depois do seminário foi organizada uma série de reuniões que procurou integrar os melhores *insights* científicos com as necessidades práticas dos tomadores de decisão. Permitiu-se, com isso, que especialistas na área pudessem projetar uma nova geração de indicadores de sustentabilidade que fossem mais amigáveis (*users friendly*) e robustos.

Para os pesquisadores e instituições envolvidos no projeto trata-se de um importante passo para a execução de um projeto global de desenvolvimento de um grupo de indicadores confiáveis e úteis. Esse processo deve mudar a maneira como a sustentabilidade vem sendo avaliada, e isso refletirá no processo decisório.

O artigo "The dashboard of sustainability" (Hardi, 2000) descreve o método e foi preparado para o encontro Measure and Communicate Sustainable Development: a Science and Policy Dialogue, realizado em Estocolmo, Suécia, em abril de 2001. A aplicação prática do sistema, baseada na apresentação simultânea de fluxos e estoques que influenciam no desenvolvimento sustentável, cresceu a partir do trabalho do Consultative Group on Sustainable Development Indicators, que está engajado em avaliações críticas do sistema há algum tempo.

Fundamentação teórica

Hardi (2000) descreve o significado da palavra *dashboard* (painel em português) como o conjunto de instrumentos de controle situado abaixo do para-brisa de um veículo. O termo *dashboard of sustainability* representa para ele uma metáfora do painel de um automóvel. Ele destaca que o papel das metáforas é ajudar a simplificar as características de um sistema, focalizando aspectos particularmente importantes de um objeto na nossa perspectiva, permitindo, dessa maneira, uma comunicação mais fácil.

Para Hardi, o formato do *dashboard of sustainability* constitui uma importante ferramenta para auxiliar os tomadores de decisão, públicos e privados, a repensar suas estratégias de desenvolvimento e a especificação de suas metas. Trata-se de uma apresentação atrativa e concisa da realidade que pode chamar a atenção do público-alvo.

Uma representação gráfica recente do sistema do *dashboard of sustainability* é construída com um painel visual de três *displays*, que correspondem a três grupos ou blocos (*clusters*). Os mostradores procuram mensurar a performance econômica, social e ambiental de um país ou qualquer outra unidade de interesse como municípios, empreendimentos etc. A representação esquemática do *dashboard of sustainability* é apresentada na figura 11.

Figura 11
O *dashboard of sustainability*

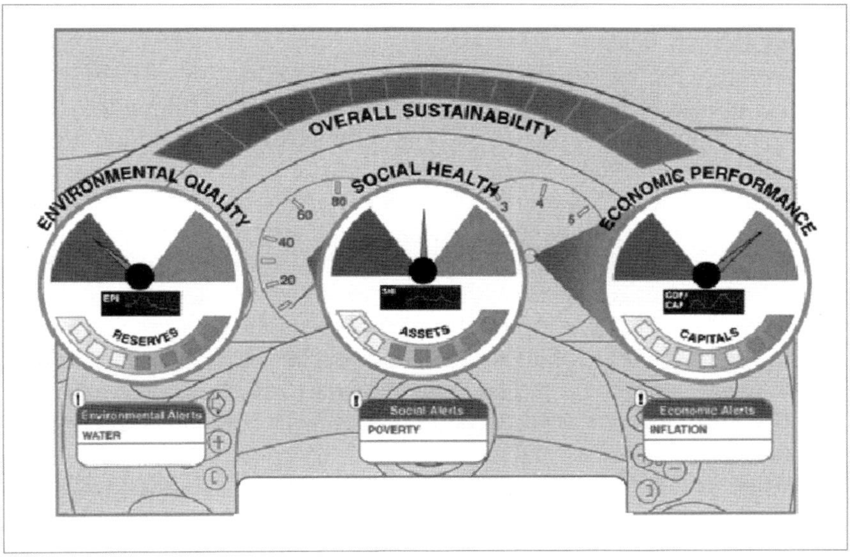

Fonte: adaptado de Hardi e Zdan (2000).

Os mostradores são performance da economia, da saúde social e da qualidade ambiental, para o caso de um país, ou performance da economia, da responsabilidade social e do desempenho ambiental, no caso de um empreendimento. Cada um possui uma seta apontando para um valor que reflete a performance atual do sistema. Um gráfico procura refletir as mudanças de desempenho do sistema avaliado e existe um medidor que mostra a quantidade remanescente de alguns recursos críticos.

Em cada um dos mostradores existe um espaço para um indicador luminoso. Uma vez que um indicador individual ultrapasse um valor considerado crítico, ou apresente uma taxa de mudança muito rápida, essas luzes devem piscar, procurando chamar a atenção para ele.

Conceitualmente, o *dashboard of sustainability* é um índice agregado de vários indicadores dentro de cada um dos mostradores; a partir do cálculo dos índices deve-se obter o resultado final de cada mostrador. Uma função adicional calcula a média dos mostradores para que se possa chegar a um índice de sustentabilidade global ou *sustainable development index* (SDI). Se o objetivo é avaliar o processo decisório, um índice de performance política, *policy performance index* (PPI) é calculado.

A principal fonte de informações atuais sobre o *dashboard of sustainability* é o International Institute for Sustainable Development, que coordena o desenvolvimento do sistema. Para os pesquisadores da instituição, indicadores são apresentações de medidas, são unidades de informação que resumem as características de um sistema ou realçam alguns pontos dele. Eles simplificam fenômenos mais complexos e podem ser encontrados em todas as esferas (econômica, social, na área médica, nas organizações etc.). Os indicadores devem facilitar o processo de comunicação sobre o desenvolvimento sustentável, transformando o conceito em dados numéricos, medidas descritivas e sinais orientativos. Quando uma coleção de indicadores é combinada matematicamente por um processo de agregação, o resultante é chamado índice.

No workshop realizado em 1999, uma mistura de especialistas em indicadores e em políticas de desenvolvimento forneceu os elementos que considerava fundamentais para a estrutura geral do *dashboard of sustainability*. Com base nesses elementos, um detalhamento foi desenvolvido pelo Consultative Group on Sustainable Development Indicators e os indicadores dos três escopos principais foram selecionados pelos seus membros e pelos especialistas convidados. Aproximadamente sete indicadores foram selecionados para cada um dos grupos e foram escolhidos de acordo com as necessidades de medida do índice sugerido.

Para os autores do sistema, uma metodologia de agregação apropriada é necessária para que ele tenha credibilidade junto aos principais atores envolvidos no processo, desde a opinião pública até os especialistas da área. Existe um grande número de indicadores para cada um dos três agrupamentos propostos, e uma tarefa preliminar no processo de desenvolvimento do sistema foi decidir quais indicadores poderiam ser utilizados dentro de cada um dos mostradores do *dashboard of sustainability*.

Trabalhos nessa área foram desenvolvidos pelo grupo de pesquisa e o conjunto de indicadores para cada uma das áreas foi determinado. As informações capturadas dentro de cada um dos grupos podem ser apresentadas de uma maneira concisa na forma de um índice.

Os autores do sistema afirmam que o cálculo de valores agregados é um método normalmente utilizado para a construção de índices. Índices podem ser simples ou ponderados, dependendo de seu propósito, e são muito importantes para direcionar a atenção das pessoas e simplificar a compreensão de alguns problemas. Muito embora eles possam mascarar detalhes, pode-se ganhar com a sua utilização. Têm um impacto muito forte sobre a mente das pessoas e são mais efetivos em atrair a atenção pública do que uma lista com muitos indicadores.

Cada um dos indicadores dentro dos escopos ou dimensões da sustentabilidade propostos pelo sistema pode ser avaliado tanto em termos de sustentabilidade quanto no nível do processo decisório a partir de dois elementos principais: importância e performance. A importância de um determinado indicador é revelada pelo tamanho que assume frente aos outros na representação visual do sistema correspondente. Já o desempenho do indicador é mensurado em uma escala de cores que varia do verde até o vermelho. O agrupamento dos indicadores dentro de cada um dos escopos fornece a resultante ou o índice relativo da dimensão.

Existe um grande consenso de que, em função da praticidade e efetividade, é preferível medir a sustentabilidade a partir de suas dimensões. A utilização de dimensões, ou grupos de indicadores agrupados, pode facilitar o emprego de medidas que estão além dos fatores puramente econômicos e incluir um balanço de sinais que derivam do bem-estar humano e ecológico. Os agrupamentos mais discutidos das dimensões da sustentabilidade são, segundo Hardi (2000):

▼ duas dimensões — bem-estar humano e bem-estar ecológico;

▼ três dimensões — bem-estar humano, ecológico e econômico;

▼ quatro dimensões — riqueza material e desenvolvimento econômico, equidade e aspectos sociais, meio ambiente e natureza, democracia e direitos humanos.

O CGSDI foi gradualmente optando pelo sistema com três dimensões e a principal justificativa apresentada pelos seus defensores é a sua grande aceitação dentro dos círculos políticos.

Para os autores da ferramenta as dimensões devem abranger as seguintes questões:

▼ meio ambiente, por exemplo, qualidade da água, ar e solo, níveis de lixo tóxico;

▼ economia, por exemplo, emprego, investimentos, produtividade, distribuição de receitas, competitividade, inflação e utilização eficiente de materiais e energia;

▼ sociedade, por exemplo, crime, saúde, pobreza, educação, governança, gastos militares e cooperação internacional.

Para cada dimensão, um índice agregado deve incluir medidas do estado, do fluxo e dos processos relacionados. O objetivo é medir a utilização de estoques e fluxos para cada dimensão. Existem fortes candidatos de índices agregados que representam as dimensões econômica e ambiental. Os autores da ferramenta citam o *enviromental pressure index* e até o *ecological footprint*. Eles podem representar o fluxo dentro da dimensão ambiental do sistema. Os estoques ambientais podem ser representados pela capacidade ambiental, uma medida incluindo estoque de recursos naturais e tipos de ecossistema por área e qualidade.

Os fluxos dentro da dimensão econômica podem ser representados pelo PIB ou um novo índice de performance econômica que inclua outros aspectos importantes como desemprego e inflação. Os bens de capital podem incluir bens de propriedade e infraestrutura e, segundo Hardi (2000), esses índices têm uma razoável chance de serem aceitos amplamente nos próximos anos.

Para Hardi a identificação de um índice apropriado para a dimensão social é uma tarefa muito mais difícil; embora o HDI possa ser utilizado, existem muitas dimensões importantes para uma sociedade sustentável. As áreas mais negligenciadas da dimensão social, justamente pela maior dificuldade de operacionalização, incluem felicidade e preenchimento do potencial humano. Essas questões devem ser incluídas num novo índice de desenvolvimento humano que procure medir as tendências da sociedade. O capital social também deve ser incluído no modelo.

Os autores do sistema, quando descrevem a ferramenta, sempre reforçam a metáfora do painel. O painel de um automóvel descreve o funcionamento dos seus diferentes componentes por instrumentos que o monitoram. O *dashboard of sustainability* utiliza essa analogia para o desenvolvimento sustentável; trata-se de um painel de instrumentos projetado para informar tomadores de decisão e o público em geral da situação do progresso em direção ao desenvolvimento sustentável.

A ferramenta disponível atualmente utiliza um painel com três mostradores que representam a sustentabilidade do sistema no que se refere às dimensões propostas e deve ser usado para a comparação entre nações. A ferramenta também pode ser aplicada para índices urbanos e regionais.

Atualmente, segundo os autores, todos os indicadores, dentro de cada um dos escopos, possuem peso igual. Os três mostradores, ou dimensões, igualmente têm o mesmo peso e devem gerar um índice geral de sustentabilidade agregado, o *sustainable development index*. Eles argumentam que nem todas as questões representadas pelos indicadores são igualmente importantes, entretanto, nesse estágio do sistema, não existem alternativas a uma média simples e as distorções causadas por esse aspecto não devem produzir efeitos significativos no índice geral.

Nas versões futuras do sistema pretende-se utilizar coeficientes de peso para as diversas questões; eles devem ser obtidos através de levantamentos realizados junto a especialistas como economistas, sociólogos, cientistas ambientais e o público em geral utilizando-se um sistema denominado *budget allocation process* (BAP),[2] de avaliação de desempenho.

A performance do sistema é apresentada em uma escala de cores que varia do vermelho-escuro (crítico), passando pelo amarelo (médio), até o verde-escuro (positivo).

Inicialmente, o sistema foi operacionalizado para a comparação de países a partir de 46 indicadores que compunham as três dimensões utilizadas. Esses indicadores formam a base de dados do Consultative Group on Sustainable Development Indicators, que cobre aproximadamente 100 nações. Para transformar os dados em informações, foi construído um algoritmo de agregação e de apresentação gráfica; este software foi desenvolvido pelo grupo consultivo e utiliza um sistema de pontos de 1, pior caso, até 1.000, melhor experiência existente para cada um dos indicadores de cada uma das dimensões. Todos os outros valores são calculados por interpolação linear entre os extremos e, em alguns casos onde não existam dados suficientes, se utilizam esquemas de correção para garantir um número suficiente de países dentro de cada categoria de cor.

Os dados referentes a cada um dos indicadores, dentro de cada uma das diferentes dimensões, são agregados e o índice geral de sustentabilidade das três dimensões é calculado pelo algoritmo. Informações da base de dados de cada um dos países podem ser comparadas por seus indicadores ou índices. O sistema é suficientemente flexível e as dimensões podem ser modificadas de acordo com as necessidades dos usuários, sem alterar contudo a base do sistema. O sistema mais atual do *dashboard of sustainability,* derivado das primeiras experiências para avaliação de países em termos de sustentabilidade do desenvolvimento, é descrito a seguir.

---

[2] Detalhes sobre esse método podem ser conferidos na página <http://esl.jrc.it/envind/idm/idm_e_12.htm#Heading13>.

Fundamentação empírica

No *dashboard of sustainability* a performance de um sistema pode ser avaliada a partir de diferentes perspectivas: a comparação com "vizinhos" isto é, países ou cidades similares; a comparação de desempenho com seus antecessores, ou comparação no tempo; planejamento, ou comparação dos objetivos estabelecidos com os resultados.

O protótipo mais atual do sistema, desenvolvido pelo CGSDI, procura fornecer comparações entre países. Apesar de diversos especialistas envolvidos com o desenvolvimento do *dashboard of sustainability* sugirerem um sistema baseado em três dimensões, como já exposto, esse protótipo segue a orientação da Comissão de Desenvolvimento Sustentável das Nações Unidas e utiliza quatro dimensões: ecológica, econômica, social e institucional. A justificativa fornecida pelos especialistas é a crescente legitimidade que o sistema vem alcançando internacionalmente.

O instrumento, segundo seus autores, é adequado para a sua principal função, que é a identificação dos pontos fortes e fracos de um país em comparação com outros. Eles reconhecem que, em alguns casos, a comparabilidade de países específicos tende a ser difícil mas argumentam que qualquer sistema de avaliação tem de lidar com esse problema.

O software mais recente apresenta, com uma escala de cores, os pontos fortes e fracos dos países, dentro de cada indicador, permitindo a comparação com os outros países que estão contidos na base de dados do grupo consultivo. Dois ou três países podem ser apresentados, lado a lado, para um campo específico, permitindo uma visualização rápida de sua performance relativa. O sistema possibilita ainda analisar a correlação existente entre diferentes pares de indicadores, o que é particularmente importante para analisar e verificar sinergias entre aspectos relacionados à sustentabilidade e outros que são conflitantes, dentro de uma das dimensões ou entre elas.

O sistema computacional do *dashboard of sustainability* inclui um gráfico que apresenta as mudanças que ocorrem no tempo de um índice específico, sendo que sua escala se modifica em função da frequência de coleta de dados. A escala normalmente utilizada é a anual. O indicador de alerta, representado pelo sinal luminoso, foi especialmente projetado para identificar mudanças críticas. Quando um indicador ou índice excede um ponto considerado crítico, ou sua taxa de mudança ultrapassa um limite considerado adequado, o software aciona o sistema de alerta luminoso.

A maioria das informações que está no banco de dados do sistema foi obtida através de instituições internacionais públicas, como o Banco Mundial, Programa das Nações Unidas para o Desenvolvimento, Organização Internacional do Trabalho, World Resources Institute etc.

A performance dos quatro mostradores, que representam as dimensões de sustentabilidade utilizadas no sistema, é resultado da agregação de diversos índices que são apresentados no quadro 11.

Quadro 11
Indicadores de fluxo e estoque do *dashboard of sustainability*

Dimensão ecológica	▼ Mudança climática ▼ Depleção da camada de ozônio ▼ Qualidade do ar ▼ Agricultura ▼ Florestas ▼ Desertificação ▼ Urbanização ▼ Zona costeira ▼ Pesca ▼ Quantidade de água ▼ Qualidade da água ▼ Ecossistema ▼ Espécies
Dimensão social	▼ Índice de pobreza ▼ Igualdade de gênero ▼ Padrão nutricional ▼ Saúde ▼ Mortalidade ▼ Condições sanitárias ▼ Água potável ▼ Nível educacional ▼ Alfabetização ▼ Moradia ▼ Violência ▼ População
Dimensão econômica	▼ Performance econômica ▼ Comércio ▼ Estado financeiro ▼ Consumo de materiais ▼ Consumo de energia ▼ Geração e gestão de lixo ▼ Transporte
Dimensão institucional	▼ Implementação estratégica do desenvolvimento sustentável ▼ Cooperação internacional ▼ Acesso à informação ▼ Infraestrutura de comunicação ▼ Ciência e tecnologia ▼ Desastres naturais — preparo e resposta ▼ Monitoramento do desenvolvimento sustentável

Os resultados obtidos da aplicação do sistema para diferentes países podem ser observados na tabela 8.

Tabela 8
Índice de sustentabilidade do *dashboard of sustainability*

País	Índice de sustentabilidade				
	Geral	Social	Ecológico	Econômico	Institucional
África do Sul	542	650	515	513	493
Alemanha	712	784	680	651	735
Argentina	614	740	622	589	508
Austrália	656	814	523	557	730
Áustria	717	814	713	722	621
Bangladesh	553	524	652	556	480
Bélgica	636	805	415	679	646
Brasil	**615**	**623**	**668**	**641**	**531**
Canadá	694	836	613	575	752
Chile	601	738	559	535	575
China	602	714	571	643	480
Cingapura	561	748	340	600	553
Colômbia	603	625	691	584	513
Coreia	667	743	485	657	785
Costa Rica	625	792	528	673	509
Dinamarca	730	841	581	732	766
EUA	728	827	625	630	830
Egito	564	725	411	604	516
Espanha	655	803	578	651	590
Etiópia	494	338	596	603	439
Fed. Russa	595	723	624	491	543
Filipinas	587	680	575	557	538
Finlândia	693	834	605	667	669
França	706	792	653	622	757
Grécia	626	794	606	549	556
Holanda	682	808	504	666	753

continua

País	Índice de sustentabilidade				
	Geral	Social	Ecológico	Econômico	Institucional
Hong Kong	695	698	–	676	711
Hungria	660	809	682	619	533
Índia	587	573	642	559	577
Indonésia	574	631	577	541	548
Irlanda	613	807	471	647	528
Islândia	633	828	273	611	823
Israel	628	772	441	625	674
Itália	661	812	587	616	630
Japão	718	787	598	654	833
Jordânia	497	718	445	451	376
Malásia	629	721	572	592	628
México	558	711	489	544	488
Nova Zelândia	642	797	549	614	611
Nigéria	521	469	571	545	501
Noruega	729	850	588	787	693
Paquistão	545	558	544	522	558
Peru	593	676	627	551	521
Polônia	620	793	601	537	550
Portugal	653	776	618	644	577
Reino Unido	670	786	565	539	792
República Tcheca	587	770	617	543	420
Suécia	709	850	611	666	710
Suíça	733	815	605	791	724
Tailândia	602	724	629	589	468
Turquia	580	758	595	512	455
Venezuela	572	686	619	596	394

Os valores foram obtidos utilizando a versão mais recente do *dashboard of sustainability*, que foi preparada para a Cúpula Mundial sobre Desenvolvimento Sustentável, conhecida também como Rio+10, realizada em Johanesburgo, África do Sul, em agosto de 2002.

Esse sistema foi ampliado e permite obter os índices de sustentabilidade para mais de 200 países. Os índices são resultado da agregação de diferentes indicadores. Para cada um dos indicadores é construída uma escala cujos valores máximo e mínimo correspondem a 1.000 e 0 pontos, respectivamente. Os dados relativos aos indicadores são inseridos na escala permitindo a sua classificação em faixas de sustentabilidade.

Essa versão da ferramenta funciona com uma escala de cores que vai do vermelho até o verde e utiliza nove faixas de sustentabilidade. Quanto maior o índice, ou valor mais próximo de mil, maior a sustentabilidade daquele sistema ou país no que se refere à dimensão observada. O índice de sustentabilidade geral é obtido pela média das quatro dimensões utilizadas no sistema.

Embora, segundo os autores, seja possível uma substituição do sistema de ponto máximo e mínimo adotado pela ferramenta por um sistema orientado por metas, o CGSDI não adota esse sistema, a não ser que se consiga construir um sistema de metas baseado num consenso social. O ceticismo, segundo o grupo, é fundamentado na observação de que existem muitas metas relativas a questões específicas, mas é raro encontrar um consenso sobre elas. Como exemplo, os especialistas citam o Protocolo de Kyoto, antes de o presidente George Bush retirar os EUA do grupo de países que participam do tratado.

O objetivo das versões futuras do sistema será mostrar tendências. Essa característica, entretanto, vai depender muito da disponibilidade e da confiabilidade de uma base de dados constante no tempo. O desenvolvimento e a aplicação do *dashboard of sustainability* envolvem uma equipe multidisciplinar e um conjunto de instituições distribuídas ao redor do mundo sob a coordenação do CGSDI. Uma área considerada particularmente importante pelo grupo e onde muitos esforços de desenvolvimento devem ser feitos refere-se à entrada dos países em desenvolvimento para enriquecer as medidas sobre a sustentabilidade. Para atender esse objetivo o projeto do sistema deve iniciar sua fase de testes. A intenção é, com os resultados dos testes, avaliar e modificar a ferramenta quando necessário. Os parceiros no projeto devem realizar os testes sob a coordenação do secretariado do CGSDI. Os resultados encontrados devem ser documentados em um relatório de avaliação completo.

Os testes da ferramenta de avaliação deverão ser estendidos para outros sistemas, com outras audiências, como no nível subnacional e de comunidades, bem como no setor corporativo. A experiência do projeto deve ser sintetizada num relatório final, que deve ser publicado como um manual de como se utilizar o sistema, nos diferentes níveis e para diferentes audiências.

Atualmente, o CGSDI está procurando fundos para implementar a iniciativa em três níveis:

▼ apoiar o trabalho de organizações não governamentais na implementação e avaliação do sistema;

- disseminar a primeira versão testada do *dashboard of sustainability* detalhado e alcançar a mídia para influenciar tomadores de decisão e o público em geral;
- testar o *dashboard of sustainability* em comunidades locais e municípios, ligando o sistema ao conceito de desenvolvimento sustentável e *Agenda 21* local.

Conceito de desenvolvimento sustentável

A maior dificuldade para avaliar a sustentabilidade, segundo Hardi (2000), é o desafio de explorar e analisar um sistema holístico. Para ele, uma visão holística não requer apenas uma percepção dos, por si só complexos, sistemas econômico, social e ecológico, mas também da interação entre eles. As interações normalmente amplificam a complexidade das questões, criando obstáculos para aqueles que estão preocupados em gerenciar ou avaliar os sistemas. As tentativas para capturar a complexidade são geralmente consideradas essenciais e os sistemas são normalmente agrupados de acordo com a extensão do sucesso em alcançar toda esta complexidade.

O *dashboard of sustainability* foi construído a partir de uma visão holística com uma abordagem relacionada à teoria dos sistemas. Na sua forma mais geral, na teoria dos sistemas, dois sistemas são considerados: o humano e o circundante ecossistema. Já nos modelos específicos, a economia e as instituições sociais são consideradas sistemas separados. O *dashboard of sustainability* foi construído a partir dessa visão mais recente (Nilsson and Bergström, 1995).

Para os autores da ferramenta, indicadores de sustentabilidade referem-se à combinação das tendências ambientais, econômicas e sociais. Esses sistemas devem mostrar a interação das três dimensões, sendo que o projeto de bons indicadores de sustentabilidade é tarefa difícil. A maioria dos atuais sistemas de indicadores surgiu durante o século XX e aborda as diferentes dimensões separadamente. Sistemas gerais de indicadores, relacionados com o desenvolvimento sustentável, surgiram apenas na última década mas têm avançado rapidamente.

Dos métodos desenvolvidos dentro de sociedades rurais até o sistema sugerido pela ONU, centenas de sistemas de indicadores foram criados e apresentados para públicos específicos. A principal crítica de Hardi (2000) é que sua aplicação se restringe a especialistas da área. São sistemas complexos, nada práticos para a mídia e para o público em geral. Para que eles se consolidem, tornando-se referenciais em termos de avaliação de sustentabilidade, é necessário que superem dois desafios. O primeiro refere-se à crescente complexidade da realidade. A tomada de consciência sobre a complexidade do sistema conduz à utilização de uma quantidade cada vez maior de dados que estão inter-relacionados. Hardi questiona como gerenciar essa quantidade de dados. No outro extremo existe a demanda por simplicidade. Diante do fato de que a educação pública e a ação política têm-se tornado temas urgentes na gestão ambiental, assim como a tarefa de criar sistemas de indicadores, o desafio que surge é de como apresentar esses indicadores de uma forma simples, elegante e efetiva sem comprometer a complexidade subjacente.

Para Hardi (2000) não é a falta de medidas que dificulta a avaliação da performance relativa ao desenvolvimento sustentável, mas sim a abundância de indicadores potenciais que seriam úteis. O que deve ou não ser medido depende, segundo ele, da "visão do mundo" ou especificamente da visão sobre a sustentabilidade dentro de uma comunidade, de uma região, um país ou do consenso existente na esfera internacional.

Ainda para Hardi (2000), num tempo de crescente globalização, deve-se tentar criar pelo menos um nível mínimo de comparabilidade, coerência e consistência nas medidas e a maneira como elas são aplicadas na vida real. Na visão do grupo que desenvolveu a ferramenta existem alguns critérios que devem orientar na escolha dos indicadores. Eles decorrem da experiência prática e do conhecimento teórico acumulado pelo grupo que trabalha no desenvolvimento da ferramenta. Embora incompleta, a relação a seguir fornece uma orientação básica para a escolha dos indicadores mais apropriados na perspectiva dos especialistas.

▼ Relevância política — o indicador deve estar associado com uma ou várias questões que são relevantes para a formulação de políticas. Indicadores de desenvolvimento sustentável têm o objetivo de aumentar a qualidade no processo político e na tomada de decisão para que se considere a biosfera como um todo. Para que se tornem efetivos, devem estar ligados ao processo político e de tomada de decisão, para que orientem os processos.

▼ Simplicidade — a informação deve ser apresentada de uma maneira compreensível e fácil para a audiência proposta. Mesmo questões e cálculos complexos devem ser apresentados de uma maneira clara para que o público-alvo possa entendê-los.

▼ Validade — os indicadores devem realmente refletir os fatos. Os dados devem ser coletados de maneira científica, possibilitando sua verificação e reprodução. O rigor metodológico é altamente necessário para tornar as ferramentas de avaliação de sustentabilidade críveis, tanto para especialistas quanto para o público em geral.

▼ Série temporal de dados — deve-se procurar observar as tendências ao longo do tempo, com um número relevante de dados. Se existem apenas dois ou três dados distribuídos no tempo não é possível observar a tendência, ou direção, em que o sistema se move.

- ▼ Disponibilidade de dados de boa qualidade — devem existir atualmente, ou no futuro próximo, dados de boa qualidade disponíveis a um custo razoável.

- ▼ Habilidade de agregar informações — indicadores referem-se às dimensões da sustentabilidade, e a lista potencial de indicadores que podem estar ligados ao desenvolvimento sustentável é infinita. Os indicadores que agreguem informações de questões amplas são preferíveis.

- ▼ Sensitividade — os indicadores selecionados devem ter a capacidade de identificar ou detectar mudanças no sistema. Eles devem determinar antecipadamente se mudanças pequenas ou grandes são relevantes para o monitoramento.

- ▼ Confiabilidade — o mesmo resultado deve ser alcançado efetuando-se duas ou mais medidas do mesmo indicador, ou seja, dois grupos ou pesquisadores diferentes devem chegar a um mesmo resultado.

Hardi (2000) destaca que o *dashboard of sustainability* foi projetado para informar aos tomadores de decisão, à mídia e ao público em geral a situação de desenvolvimento de um determinado sistema, público ou privado, de pequena ou grande escala, nacional, regional, local ou setorial, em relação à sua sustentabilidade.

A importância da ferramenta, como estratégia efetiva de comunicação, é destacada pelos seus autores. Uma vez que a metodologia é de fácil aplicação e entendimento, pode se transformar numa ferramenta para avaliação de diferentes alternativas de desenvolvimento. O sistema atualmente se encontra em construção para tornar-se instrumento de governos nacionais, estaduais, locais e tomadores de decisão na empresa. Uma das principais vantagens da ferramenta, segundo seus autores, é a possibilidade e a necessidade de pensar o sistema como um todo. Um ponto realmente positivo é o fato de a ferramenta apresentar visualmente os valores subjacentes da avaliação; isto decorre da possibilidade de se observar individualmente a performance de cada um dos indicadores de um determinado mostrador, que são representados pelos anéis externos do painel, ao mesmo tempo em que os anéis internos do círculo revelam medidas agregadas que fornecem uma visão mais geral da dimensão.

É uma ferramenta fundamental de comunicação, que pode servir como importante guia para os tomadores de decisão e para o público em geral. O sistema emprega meios visuais de apresentação para mostrar as dimensões primárias da sustentabilidade, fornecendo informações quantitativas e qualitativas sobre o progresso em direção à sustentabilidade. Permite a apresentação de relações complexas num formato altamente comunicativo, as informações são "palatáveis" tanto para os especialistas de uma área, que só têm de lidar com a interação dos índices, quanto para o público mais leigo, que pode ter uma avaliação rápida pelo sistema dos pontos fortes e fracos de seu desenvolvimento.

Apesar das vantagens enumeradas, o sistema ainda apresenta muitas limitações. Embora mais consistente e transparente em sua forma e apresentação do que a maioria dos outros índices existentes, os autores ressaltam que ele ainda se encontra longe de sua versão final. Para que a ferramenta se torne mais relevante e atrativa o suficiente para os principais atores envolvidos com experiências de avaliação, os indicadores preliminares devem ser substituídos por um grupo de indicadores reconhecidos internacionalmente. Os autores do sistema sugerem os indicadores relacionados pela Comissão de Desenvolvimento Sustentável das Nações Unidas, que abordam quatro dimensões: econômica, social, ecológica e institucional. Elas foram efetivamente incorporadas na última versão do sistema preparada para a Cúpula Mundial sobre Desenvolvimento Sustentável, realizada em Johanesburgo, na África do Sul.

Além disso, o software também deve ser refinado e módulos apropriados ligando o sistema à internet, desenvolvidos. O sistema deve permitir a utilização de uma base ampliada de dados para tornar uma análise interativa possível. Também devem ser realizadas avaliações por pares, usuários de teste, especialistas e jornalistas para aumentar sua aceitação perante a sociedade.

Simultaneamente, é importante constituir uma instituição que forneça suporte científico adequado, que atualize os indicadores e que desenvolva sistemas de integração e comunicação. Os problemas complexos do desenvolvimento sustentável requerem indicadores integrados ou agregados em índices. Os tomadores de decisão necessitam desses índices, que devem ser facilmente entendíveis e utilizados no processo decisório. Diversos especialistas argumentam que é necessário um índice apropriado para competir com o politicamente poderoso PIB, entretanto existe um certo ceticismo acerca de um número simples que represente a complexidade do desenvolvimento sustentável, sendo um mito pensar que um número simples pode ter valor funcional como ferramenta política.

Os pesquisadores reconhecem, entretanto, que a tentativa de se criar um índice de desenvolvimento sustentável é útil, na medida em que conduz a um esforço concentrado para se obter um tipo de ferramenta que apresente a complexidade do sistema de uma maneira mais simples. Mesmo a mais modesta experiência ou esforço de apresentação de índices ou indicadores agregados pode levar as novas gerações de políticos e tomadores de decisão em direção às metas do desenvolvimento sustentável.

O barometer of sustainability

Histórico

A ferramenta de avaliação conhecida como *barometer of sustainability* foi desenvolvida por diversos especialistas, ligados principalmente a dois institutos: o World Conservation Union (IUCN) e o International Development Research Centre (IDRC). O método foi desenvolvido como um modelo sistêmico dirigido prioritariamente aos seus usuários, com o objetivo de mensurar a sustentabilidade. O *barometer of sustainability* é destinado, segundo seus autores, às agências governamentais e não governamentais, tomadores de decisão e pessoas envolvidas com questões relativas ao desenvolvimento sustentável, em qualquer nível do sistema, do local ao global (Prescott-Allen, 1997).

Fundamentação teórica

Prescott-Allen é um dos principais pesquisadores envolvidos no desenvolvimento da ferramenta. Segundo ele, uma característica importante do *barometer of sustainability* é a capacidade de combinar indicadores, permitindo aos usuários chegarem a conclusões a partir de muitos dados considerados, por vezes, contraditórios (Prescott-Allen, 1999).

O autor considera que a avaliação do estado das pessoas e do meio ambiente em busca do desenvolvimento sustentável requer indicadores de uma grande variedade de questões ou dimensões. Existe a necessidade de integrar dados relativos a vários aspectos de um sistema, como, por exemplo: qualidade da água, emprego, economia, educação, crime, violência etc. Embora cada indicador possa representar o que ocorre dentro de uma área específica, a falta de ordenação e combinação coerente dos sinais emitidos conduz a dados relativos e altamente confusos (Prescott-Allen, 1999, 2001).

Para se obter uma visão mais clara do conjunto e da direção em que se move uma sociedade, na interação meio ambiente e sociedade, os indicadores devem ser combinados de uma maneira coerente. As medidas dos indicadores, quando vistas separadamente, representam uma série de elementos diferentes e, para este autor, é necessária uma unidade comum para que não ocorra distorção.

A medida comum geralmente utilizada em sistemas de avaliação, principalmente nos sistemas sociais e econômicos, é a monetarização. Para o autor do *barometer of sustainability* a monetarização realmente é eficiente como denominador comum de medidas referentes ao comércio e ao mercado, entretanto, a moeda muitas vezes não é uma medida comum efetiva para aspectos não negociáveis dentro do mercado. Para Prescott-Allen muitos dos aspectos relativos à sustentabilidade não têm preço no mercado e, embora existam muitos métodos largamente utilizados para monetarização desses bens, eles ainda estão longe de fornecer uma resposta efetiva para essa questão.

Prescott-Allen oferece como solução para o problema a utilização de escalas de performance para combinar diferentes indicadores. Ele afirma que uma escala de performance fornece uma medida de quão boa é uma variável em relação a variáveis do mesmo tipo. Bom ou ótimo são definidos como um extremo da escala e ruim ou péssimo como o outro, assim as posições dos indicadores podem ser esboçadas dentro desta escala.

Uma escala de performance permite que se utilize a medida mais apropriada para cada um dos indicadores. O autor fornece o exemplo de receitas e valores agregados, que podem ser mensurados com medidas monetárias, e da saúde, que pode ser medida pelo número de doentes e taxa de mortalidade. O emprego pode ser medido pelas taxas de desemprego, a diversidade biológica pode ser avaliada considerando o número de espécies com ameaça de extinção etc. O resultado é um grupo de medidas de performance, todas utilizando a mesma escala geral, possibilitando, assim, a combinação e a utilização conjunta dos indicadores (Prescott-Allen, 1999).

O conceito de escala de performance é uma das características fundamentais da ferramenta. Considerando a impossibilidade de mensurar o sistema como um todo, no que se refere à sociedade e à ecosfera, e a inexistência de uma ferramenta para tal, Prescott-Allen (1999) afirma que o *barometer of sustainability* procura medir os aspectos mais representativos do sistema através de indicadores. Indicadores requerem a coleta e a análise de uma grande variedade de dados e, quanto maior o número de dados para a construção dos indicadores, mais caro e trabalhoso deve ser o processo de avaliação. Cada informação adicional aumenta a dificuldade de discernimento dentro do quadro geral, ou seja, ele desaparece gradativamente à medida que o sistema se perde em seus detalhes. O desafio para o autor da ferramenta é identificar as características que revelem mais sobre o estado geral do sistema, utilizando um número mínimo de indicadores (Prescott-Allen, 1999).

Na ferramenta de avaliação desenvolvida pelo autor a escolha dos indicadores é feita por um método hierarquizado, que se inicia com a definição do sistema e da meta, e deve chegar aos indicadores mensuráveis e seus critérios de performance. A hierarquia do sistema assegura que um grupo de indicadores confiáveis retrate de forma adequada o estado do meio ambiente e da sociedade. Trata-se, para Prescott-Allen, de um caminho lógico para transformar os conceitos gerais do desenvolvimento sustentável, bem-estar e progresso em um grupo de condições humanas e ecológicas concretas.

O *barometer of sustainability* é uma ferramenta para a combinação de indicadores e mostra seus resultados por meio de índices. Os índices são apresentados com uma representação gráfica, facilitando a compreensão e dando um quadro geral do estado do meio ambiente e da sociedade. Assim, pode-se apresentar a dimensão principal de cada índice para realçar aspectos de performance que mereçam mais atenção, sendo adequada também para comparações entre diferentes avaliações.

Cada indicador emite um sinal e quanto mais indicadores forem utilizados mais sinais poderão ser observados. Um indicador isolado não fornece um retrato da situação como um todo e apenas pela combinação dos indicadores é possível se obter uma visão geral do estado da sociedade e do meio ambiente. Os indicadores podem ser combinados de duas maneiras: pela conversão para uma mesma escala ou utilizando escalas de performance. Como descrito anteriormente, as desvantagens da utilização de uma escala única são a distorção, perda de informações e a dificuldade de converter certos aspectos da sustentabilidade em medidas exclusivamente quantitativas. A vantagem de uma escala de performance é que ela trabalha com a distância entre valores, ou seja, trabalha com intervalos entre padrões predefinidos (Prescott-Allen, 2001, 1999).

O *barometer of sustainability* avalia o progresso em direção à sustentabilidade pela integração de indicadores biofísicos e de saúde social. O desenvolvimento do sistema requer pessoas que determinem explicitamente suas suposições sobre o bem-estar do ecossistema e o bem-estar humano; construindo uma classificação, ou ranking, dentro dos níveis desejados. A ferramenta de avaliação é uma combinação do bem-estar humano e do ecossistema, sendo que cada um deles é mensurado individualmente por seus respectivos índices. Os indicadores para formar esses índices são escolhidos apenas se puderem ser definidos em termos numéricos. Processos posteriores permitem aos atores envolvidos no processo determinar o nível de sustentabilidade que se deseja alcançar (Bossel, 1999).

Os critérios de performance podem variar dentro de cada um dos indicadores, mas na medida em que os valores são calculados dentro do mesmo sistema seus dados ou resultados podem ser combinados. O autor da ferramenta afirma que o *barometer of sustainability* é a única escala de performance projetada para medir o estado do meio ambiente e da sociedade juntos, sem privilegiar nenhum dos eixos e, segundo ele, existem três elementos que são considerados fundamentais dentro do sistema (Prescott-Allen, 2001, 1999).

▼ Igualdade de tratamento entre as pessoas e os ecossistemas: a ferramenta de avaliação possui dois eixos que englobam os dois aspectos e esses eixos asseguram que um aumento da qualidade ambiental não mascare um declínio do bem-estar da sociedade ou vice-versa. Reflete-se, assim, a preocupação conjunta com o bem-estar do meio ambiente e com a sociedade em geral, evitando-se distorções e aumentando a transparência na apresentação dos resultados. A interseção entre esses dois pontos fornece uma medida do grau de sustentabilidade da comunidade estudada. Um baixo escore dentro de um eixo impede um alto escore na escala geral da sustentabilidade.

▼ Escala de cinco setores: a escala é dividida em cinco setores. Os usuários podem controlar a escala pela definição dos pontos extremos de cada setor. Essa característica fornece aos usuários um grau de flexibilidade na medida em que, em outras escalas, quase sempre somente o ponto final é definido. Definir os setores dentro da escala envolve uma série de julgamentos, que se iniciam com a definição do que seja desenvolvimento sustentável, qualidade ambiental, qualidade humana e prosseguem em relação às questões e indicadores selecionados. Esse processo de julgamento de valor não é exclusivo do *barometer of sustainability*, pois está presente em todo o processo de avaliação e de tomada de decisão.

- ▼ Facilidade de utilização: a conversão dos resultados dos indicadores em resultados dentro da escala envolve cálculos simples. Formulações matemáticas complexas, acessíveis apenas ao pessoal treinado em estatística, são propositalmente evitadas no sistema.

Para calcular ou medir o progresso em direção à sustentabilidade os valores para os índices de bem-estar social e da ecosfera são calculados, bem como os dos subíndices, caso existam. O índice de bem-estar do ecossistema identifica tendências da função ecológica no tempo. É uma função da água, terra, ar, biodiversidade e utilização dos recursos. O índice de bem-estar humano representa o nível geral de bem-estar da sociedade e é uma função do bem-estar individual, saúde, educação, desemprego, pobreza, rendimentos, crime, bem como negócios e atividades humanas. Bossel afirma que o objetivo da ferramenta é avaliar conjuntamente o que são, segundo ele, os principais componentes da sustentabilidade. Trata-se de um gráfico bidimensional onde os estados do bem-estar humano e do ecossistema são colocados em escalas relativas, que vão de 0 a 100, indicando uma situação de ruim até boa em relação à sustentabilidade. A localização do ponto definido pelos dois eixos, dentro do gráfico bidimensional, fornece uma medida de sustentabilidade ou insustentabilidade do sistema. A figura 12 traz a representação gráfica da ferramenta.

Os índices calculados para cada uma das dimensões do sistema são plotados no gráfico a partir de seus respectivos eixos. O ponto de interseção entre eles, representado dentro do gráfico, fornece um retrato da sustentabilidade do sistema. As tendências podem representar o progresso, ou não, de uma determinada cidade, estado, ou nação.

A escala utilizada no *barometer of sustainability*, para cada um dos eixos, varia de 0 a 100, consistindo em 100 pontos e uma base 0. Ela está dividida em cinco setores de 20 pontos cada, mais sua base equivalente a 0. Cada setor corresponde a uma cor, que varia do vermelho até o verde; a divisão da escala pode ser observada no quadro 12.

Indicadores de Sustentabilidade: uma Análise Comparativa ▼ 147

Figura 12
O *barometer of sustainability*

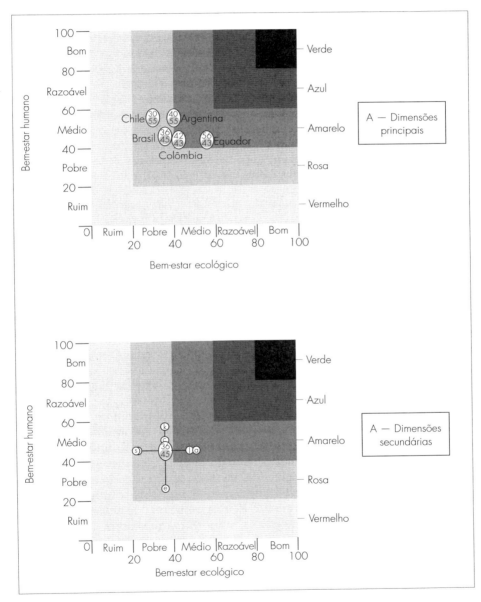

Fonte: Prescott-Allen (2001).

Quadro 12
Escalas do *barometer of sustainability*

Setor	Pontos da escala
Bom (verde)	81-100
Razoável (azul)	61-80
Médio (amarelo)	41-60
Pobre (rosa)	21-40
Ruim (vermelho)	1-20

Fonte: adaptado de Prescott-Allen (1999).

A divisão da escala em cinco setores permite ao usuário controlá-la pela definição de um ou mais setores. Para Prescott-Allen essa característica torna o *barometer of sustainability* uma ferramenta extremamente flexível e poderosa, inclusive muito melhor do que uma escala onde apenas o fim é definido. Essa característica não seria problema se a preocupação fosse apenas de comparação entre diferentes sociedades, para se observar qual delas tem a melhor performance, mas no caso do *barometer of sustainability* o objetivo fundamental é verificar se a sociedade estudada se encontra num bom estado (Prescott-Allen, 1999).

A escala deve ser ajustada para cada um dos indicadores e isto envolve definir o melhor e o pior valor para os indicadores dados. O ponto final tem importância essencial sobre a escala e sobre sua significância. Um bom método, segundo o autor, para ajustar o início e o fim da escala, é utilizar valores históricos que enquadrem esses pontos e também com vistas a um futuro previsível. As metas que se pretendem alcançar podem ser um fator importante, mas não devem ser utilizadas como valor ótimo. A performance de outros países e regiões também pode ser utilizada como informação, se estiver disponível.

No caso de existir um valor excepcional, no vocabulário estatístico conhecido como "ponto aberrante", bom ou ruim, que possa distorcer a escala, pode-se promover o seu truncamento. A uma performance pior do que o pior valor do início da escala é atribuído o valor 0. Da mesma maneira, a uma performance melhor do que o final da escala é atribuído o valor 100. Os melhores valores não são necessariamente metas, as questões relativas às metas políticas devem ser estabelecidas, entretanto não devem ser colocadas como valor final dentro da escala, sendo preferível torná-las implícitas.

Uma escala pode ser totalmente controlada, parcialmente controlada ou sem nenhum controle externo. Dentro de uma escala sem controle, apenas os pontos inicial e final são atribuídos e os intervalos entre os mesmos devem ser iguais. Os pontos extremos da escala é que definem se um indicador deve ser ótimo, bom, médio, ruim ou péssimo.

Quando uma escala sem controle não é apropriada, uma escala parcial ou totalmente controlada pode ser utilizada. Numa escala parcialmente controlada os setores péssimo e ótimo são previamente definidos, e numa escala totalmente controlada todos os setores são previamente definidos. Quando uma escala é parcial ou totalmente controlada deixa de ser uma escala com intervalos iguais e, em vez disso, passa a ser uma escala com dois ou até cinco intervalos com escala própria. Em escalas parcial ou totalmente controladas os setores ótimo e péssimo podem ser grandes ou reduzidos em função dos valores ou indicadores.

Os meios para a escolha de indicadores são descritos por um sistema denominado *participatory and reflective analytical mapping* (PRAM), desenvolvido pelo IUCN. Para Prescott-Allen, alguns elementos são importantes na escolha dos indicadores. Um deles se refere ao fato de que uma escala de performance pode-se utilizar apenas de indicadores que podem ter um valor de performance. Os indicadores devem ser escolhidos na medida em que possam assumir valores aceitáveis ou inaceitáveis dentro dessa escala. Indicadores que possam assumir valores neutros ou que são insignificantes ou de significância desconhecida devem ser excluídos do sistema. Por outro lado, indicadores puramente descritivos devem ser ignorados, já que são parte do contexto e não podem ser modificados.

Um diagrama esquemático desse sistema, incluindo o procedimento para a escolha dos indicadores até a construção dos resultados da ferramenta, é apresentado na figura 13. A hierarquia do sistema pode ser observada, ao mesmo tempo em que são apresentados os passos que orientam todo o processo. Esse processo auxilia os atores envolvidos na avaliação a identificar as características mais relevantes sobre a unidade em que vivem e as relações que se estabelecem entre as pessoas e o meio que as cerca.

A avaliação segue um ciclo de seis estágios, como a figura 13 mostra. Procura-se inicialmente partir da visão geral da sustentabilidade para alcançar os seus principais indicadores. Os estágios definidos pelo autor são:

- ▼ definir o sistema e as metas. O sistema consiste nas pessoas e no ambiente da área a ser avaliada. As metas abrangem uma visão sobre o desenvolvimento sustentável e fornecem a base para a decisão sobre o que realmente a avaliação deve medir;

- ▼ identificar questões e objetivos. Questões são assuntos-chave ou preocupações principais, características da sociedade humana e do ecossistema que devem ser considerados para se ter uma real visão de sua situação. Objetivos fazem as metas mais específicas;

Figura 13
Diagrama de procedimentos do *barometer of sustainability*

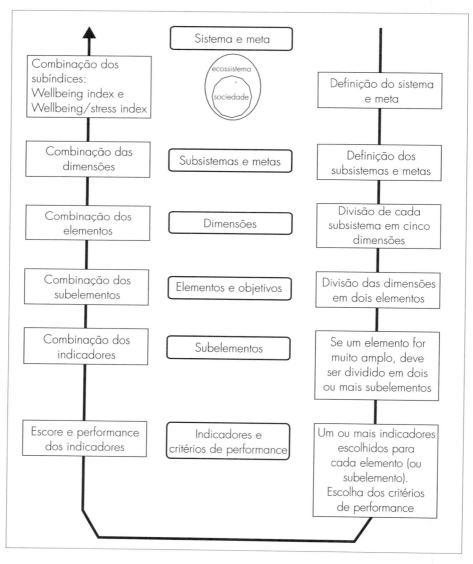

Fonte: adaptado de Prescott-Allen (2001).

- escolha dos indicadores e critérios de performance. Indicadores são aspectos mensuráveis e representativos de uma questão e os critérios de performance são os padrões alcançáveis e desejáveis para cada um dos indicadores;
- medição e organização dos indicadores. Os resultados dos indicadores devem ser guardados em suas medidas originais, a eles devem ser atribuídos os escores relativos ao critério da escala de performance e depois organizados;
- combinação dos indicadores. Os resultados dos indicadores devem ser combinados dentro da hierarquia do sistema e de cada um dos eixos separadamente;
- alocação, organização e revisão dos resultados. Fornecer uma leitura visual dos resultados para que esta revele um quadro geral da situação através de um índice de performance. A revisão pode ligar a avaliação à ação pela análise dos resultados, sugerindo quais ações são necessárias e onde devem ser aplicadas. A revisão também fornece um diagnóstico para a elaboração de programas e projetos.

Segundo Prescott-Allen (1999) é fundamental seguir os dois primeiros estágios do ciclo detalhadamente antes da escolha dos indicadores. O autor argumenta que métodos menos estruturados partem para a escolha direta dos indicadores, o que normalmente produz um número excessivo deles. Um aspecto mais prejudicial é a escolha dos indicadores dentro de um vácuo conceitual. Quando isso ocorre, fica muito difícil justificar a importância e a relevância desses indicadores em relação ao conceito de desenvolvimento sustentável. Deve-se, portanto, segundo o autor, reforçar a legitimidade do sistema. A conversão de indicadores para utilização dentro da ferramenta novamente remete ao processo de se definir claramente o que significa o bem-estar do ecossistema e o bem-estar humano. Esse processo obriga as pessoas a colocar explicitamente suas suposições sobre o significado e a significância do indicador relativo ao ecossistema e à sociedade, como também os níveis que consideram ideais ou aceitáveis até os indesejados ou inaceitáveis.

O método utiliza dois subsistemas, humano e ambiental, e, para cada um, deriva cinco dimensões. O objetivo é criar um sistema comum para todas as avaliações, como pode ser observado no quadro 13.

Um sistema comum de dimensões permite que a avaliação seja ajustada às condições e às necessidades locais, ao mesmo tempo em que permite a comparação com outras iniciativas. O sistema foi projetado para comportar um grande número de questões dentro de um pequeno grupo principal. As dimensões são amplas o suficiente para acomodar a maioria das preocupações das sociedades atuais, sendo que qualquer questão considerada importante para o bem-estar da sociedade e do meio ambiente tem seu lugar dentro de uma das dimensões. Essas dimensões representam conceitos que não são puramente técnicos, que são igualmente importantes e facilmente combináveis dentro de índices de bem-estar. Cada dimensão pode incluir uma variedade de questões, como é retratado no quadro 13.

Quadro 13
Sistema comum de dimensões para a construção do *barometer of sustainability*

Sociedade

Saúde e população	Riqueza	Conhecimento e cultura	Comunidade	Equidade
saúde mental e física, doença, mortalidade, fertilidade, mudança populacional	economia, sistema financeiro, receita, pobreza, inflação, emprego, comércio, bens materiais, necessidades básicas de alimentação, água e proteção	educação, pesquisa, conhecimento, comunicação, sistema de crenças e valores	direitos e liberdades, governança, instituições, lei, paz, crime, ordenamento civil	distribuição de benefícios entre raças, sexos, grupos étnicos e outras divisões sociais

Dimensões humanas

Ecossistema

Terra	Água	Ar	Espécies	Utilização de recursos
diversidade e qualidade das áreas de floresta, cultivo e outros ecossistemas, incluindo modificação, conversão e degradação	diversidade e qualidade das águas e ecossistemas marinhos, incluindo modificação, poluição e esgotamento	qualidade do ar interna e externa, condição da atmosfera global	espécies selvagens, população, diversidade genética	energia, geração de dejetos, reciclagem, pressão da agricultura, pesca, mineração

Dimensões ecológicas

Fonte: adaptado de Prescott-Allen (2001).

Os valores dos indicadores são estabelecidos pela relação linear que ocorre a partir do momento em que se estabelece o valor mínimo e máximo para cada setor ou para a escala como um todo, quando esta não é controlada. Os resultados dos indicadores são combinados dentro de uma forma hierárquica do nível mais baixo para o nível mais alto. Combinando-se os subsistemas chega-se a dois resultados, um para o ecossistema e um para a sociedade, um índice para o bem-estar ambiental e outro para o bem-estar social. Eles são combinados dentro de um índice de sustentabilidade ou de bem-estar geral pela leitura da interseção dos dois pontos dentro do *barometer of sustainability*.

Se uma característica específica do sistema ou questão é representada por um indicador, o resultado do indicador é o retrato dessa característica ou resultado da questão. Se um aspecto é representado por dois ou mais indicadores, esses indicadores devem ser combinados ou agregados. O procedimento-padrão recomendado por Prescott-Allen para efetuar esta agregação é:

- ▼ caso os indicadores sejam considerados igualmente importantes, deve-se tomar a média aritmética dos mesmos;
- ▼ se um dos indicadores é considerado mais importante que o outro, eles devem ser ponderados, ou seja, uma média ponderada deve ser extraída;
- ▼ se um indicador é considerado crítico, pode ter uma função de veto, cobrindo ou acobertando outros indicadores.

O *barometer of sustainability* foi aplicado em Manitoba, no Canadá, sendo que o bem-estar do ecossistema foi avaliado a partir da agregação de seis indicadores, enquanto o bem-estar humano foi composto da agregação de 28 indicadores (Prescott-Allen, 1999). A experiência prática mais recente e importante utilizando a ferramenta é a análise de diferentes países empregando o barômetro como instrumento de comparação. Esse estudo foi desenvolvido por Prescott-Allen e será descrito a seguir.

Fundamentação empírica

Prescott-Allen utilizou o modelo do *barometer of sustainability* para comparar diferentes países em relação ao grau de sustentabilidade de seu desenvolvimento. Esse estudo, denominado *The wellbeing of nations* (2001), avaliou dados de 180 países utilizando as escalas do barômetro, procurando mostrar o bem-estar humano e do ecossistema. Os países foram divididos por quatro continentes e 14 regiões, como mostra o quadro 14.

> ### Quadro 14
> ### Continentes e nações do estudo *The wellbeing of nations*
>
> **América — 35 países**
> - Américas Central e do Norte — 10 países
> - Caribe — 13 países
> - América do Sul — 12 países
>
> **África — 53 países**
> - África Setentrional — 10 países
> - África Ocidental — 17 países
> - Áfricas Oriental e Central — 13 países
> - África Meridional — 13 países
>
> **Europa — 37 países**
> - Europa Setentrional — 13 países
> - Europa Meridional — 12 países
> - Europa Oriental — 12 países
>
> **Ásia e Pacífico**
> - Ásia Ocidental — 18 países
> - Rússia, Ásias Central e Oriental — 12 países
> - Ásia Meridional — 17 países
> - Pacífico — 8 países

Fonte: Prescott-Allen (2001).

Esse estudo procurou avaliar o bem-estar humano e do ecossistema com a escala de performance sugerida pelo *barometer of sustainability*. O índice de bem-estar humano, *human wellbeing index* (HWI), e o índice de bem-estar do ecossistema, *environmental wellbeing index* (EWI), foram calculados para cada um dos países. Para isso, foi utilizado o sistema comum de dimensões sugerido pela ferramenta. Os resultados obtidos por país foram plotados no diagrama sugerido pelo barômetro e depois avaliados dentro das regiões geográficas descritas. Os dados numéricos, referentes às coordenadas dentro do sistema, são apresentados na tabela 9.

Tabela 9
Índice de bem-estar do barometer of sustainability

Posição	País	HWI	EWI	ESI	WI	WSI	Posição	País	HWI	EWI	ESI	WI	WSI
1	Suécia	79	49	51	64,0	1,55	53	Bielo-Rússia	46	50	50	48,0	0,92
2	Finlândia	81	44	56	62,5	1,45	54	Polônia	65	30	70	47,5	0,93
3	Noruega	82	43	57	62,5	1,44	55	Argentina	55	40	60	47,5	0,92
4	Islândia	80	43	57	61,5	1,40	56	República Dominicana	49	46	54	47,5	0,91
5	Áustria	80	42	58	61,0	1,38	58	Coreia	67	27	73	47,0	0,92
6	Canadá	78	43	57	60,5	1,37	59	Barbados	62	32	68	47,0	0,91
7	Suíça	78	43	57	60,5	1,37	60	Cabo Verde	47	47	53	47,0	0,89
10	Guiana	51	63	37	57,0	1,38	61	Espanha	73	20	80	46,5	0,91
11	Uruguai	61	52	48	56,5	1,27	62	Samoa	43	50	50	46,5	0,86
12	Alemanha	77	36	64	56,5	1,20	63	Nepal	28	64	36	46,0	0,78
13	Dinamarca	81	31	69	56,0	1,17	64	Croácia	57	33	67	45,0	0,85
14	Nova Zelândia	73	38	62	55,5	1,18	65	Fed. Russa	48	42	58	45,0	0,83
15	Suriname	52	58	42	55,0	1,24	67	Bulgária	58	31	69	44,5	0,84

continua

Posição	País	HWI	EWI	ESI	WI	WSI	Posição	País	HWI	EWI	ESI	WI	WSI
17	Irlanda	76	32	68	54,0	1,12	68	Jamaica	54	35	65	44,5	0,83
18	Austrália	79	28	72	53,5	1,10	69	Panamá	52	37	63	44,5	0,83
19	Peru	44	62	38	53,0	1,16	73	Venezuela	43	46	54	44,5	0,80
20	Eslovênia	71	35	65	53,0	1,09	75	Namíbia	34	54	46	44,0	0,74
22	Lituânia	61	44	56	52,5	1,09	77	Congo	15	72	28	43,5	0,54
24	Japão	80	25	75	52,5	1,07	79	Chile	55	30	70	42,5	0,79
27	EUA	73	31	69	52,0	1,06	81	Colômbia	43	42	58	42,5	0,74
28	Itália	74	30	70	52,0	1,06	82	Cuba	40	45	55	42,5	0,73
29	França	75	29	71	52,0	1,06	85	Israel	59	25	75	42,0	0,79
30	República Tcheca	70	33	67	52,5	1,04	87	Indonésia	36	48	52	42,0	0,69
30	Grécia	70	33	67	52,5	1,04	89	Egito	39	43	57	41,0	0,68
32	Portugal	72	31	69	51,5	1,04	92	Brasil	45	36	64	40,5	0,70
33	Reino Unido	73	70	30	51,5	1,04	93	Paraguai	35	46	54	40,5	0,65
34	Bélgica	80	23	77	51,5	1,04	99	Malásia	46	33	67	39,5	0,69

continua

Indicadores de Sustentabilidade: uma Análise Comparativa ▼ 157

Posição	País	HWI	EWI	ESI	WI	WSI	Posição	País	HWI	EWI	ESI	WI	WSI
35	Botsuana	34	68	32	51,0	1,06	115	Etiópia	13	64	36	38,5	0,36
36	Eslováquia	61	40	60	50,5	1,02	116	Filipinas	44	32	68	38,0	0,65
37	Luxemburgo	77	24	76	50,5	1,01	127	Tailândia	50	23	77	36,5	0,65
38	Armênia	45	55	45	50,0	1,00	129	Turquia	45	28	72	36,5	0,63
38	Holanda	78	22	78	50,0	1,00	133	Nigéria	16	56	44	36,0	0,36
40	Seicheles	50	49	51	49,5	0,98	148	Guatemala	23	44	56	33,5	0,41
41	Equador	43	56	44	49,5	0,98	150	México	45	21	79	33,0	0,57
42	Mongólia	39	60	40	49,5	0,98	151	Jordânia	38	28	72	33,0	0,53
43	Cingapura	66	32	68	49,0	0,97	155	Moçambique	11	55	45	33,0	0,24
44	Hungria	65	33	67	49,0	0,97	158	Somália	3	62	38	32,5	0,08
47	Benin	27	71	29	49,0	0,93	160	China	36	28	72	32,0	0,50
48	Costa Rica	56	41	59	48,5	0,95	167	Paquistão	18	44	56	31,0	0,32
49	Sri Lanka	40	57	43	48,5	0,93	172	Índia	31	27	73	29,0	0,42
50	Bolívia	34	63	37	48,5	0,92	178	Afeganistão	6	48	52	27,0	0,12
51	Estônia	62	34	66	48,0	0,94	180	Iraque	19	31	69	25,0	0,28

Fonte: adaptado de Prescott-Allen (2001).

Nesta tabela observa-se o *wellbeing index* (WI), que nada mais é do que a média aritmética dos dois índices anteriores, o HWI e EWI. Esse valor, segundo o autor, serve apenas para fornecer um ranking geral das nações, uma vez que, como foi observado anteriormente, um valor baixo de um índice pode ser contrabalançado por um alto do outro. Para avaliar realmente os países em termos de sustentabilidade deve-se estudar e comparar os países dentro da representação visual proposta pelo barômetro.

Dois índices adicionais podem ser utilizados neste trabalho de comparação: o *environmental stress index* (ESI) e o *wellbeing/stress index* (WSI). O ESI procura representar o estresse sofrido pelo meio ambiente e é obtido pela fórmula:

$$ESI = 100 - EWI$$

O WSI é um índice derivado do conceito de estresse ambiental e é calculado pela expressão:

$$WSI = (HWI/ESI)$$

Esses índices adicionais da avaliação procuram estudar melhor a relação existente entre bem-estar humano e a pressão sobre o meio ambiente. Na verdade, o indicador WSI procura retratar a questão do custo do bem-estar humano em relação ao estresse ecológico, para que se possa comparar os países em relação a esse aspecto.

As categorias ou setores da escala, utilizados nesse estudo, seguem a orientação teórica abordada anteriormente e são denominados: insustentável, potencialmente insustentável, intermediário, potencialmente sustentável e sustentável. O resultado do trabalho é um mapa generalizado do mundo em termos de desenvolvimento sustentável, com várias observações relevantes sobre as diferentes dimensões e inter-relações deste desenvolvimento (Prescott-Allen, 2001).

Conceito de desenvolvimento sustentável

O *barometer of sustainability* foi pensado e desenvolvido por uma equipe interdisciplinar e, embora exista uma diferença no enfoque de cada um dos membros da equipe, o sistema desenvolvido compartilha alguns princípios-chave. O grupo que desenvolveu a ferramenta afirma que existem quatro passos interligados para se entender o conceito de desenvolvimento sustentável:

- globalidade — considera que as pessoas fazem parte do ecossistema; as pessoas e os ecossistemas devem ser tratados conjuntamente e com igual importância. As interações entre pessoas e o ambiente são complexas e pouco entendidas até o momento, dessa maneira deve-se...
- levantar questões — deve-se reconhecer a falta de conhecimento existente sobre essas relações e levantar questões relevantes. Não se pode avaliar nada sem que se saiba quais as perguntas que devem ser feitas. Para serem úteis e levar ao progresso, essas questões precisam estar inseridas dentro de um contexto, assim necessita-se de...
- instituições reflexivas — o contexto das questões a serem levantadas é institucional. Trata-se, na verdade, de grupos de pessoas atuando juntas para questionar e aprender coletivamente. Esse processo de reflexão deve, sugere-se, levar a uma abordagem que é...
- focada nas pessoas — que são tanto problema quanto solução. O principal cenário para a ação está na influência e na motivação do comportamento das pessoas (Prescott-Allen, 1997).

Prescott-Allen (1997) afirma que ferramentas para avaliação de sustentabilidade devem ser adaptadas às circunstâncias locais e, para que se utilize esse sistema corretamente, os aspectos citados devem ser observados. Para o autor trata-se de reconhecer a globalidade do homem e do meio ambiente, que devem ser vistos como um todo; de decidir quais as questões que se pretende responder, antes de iniciar a busca por indicadores; e de criar oportunidades para os grupos refletirem e aprenderem como instituições.

O *barometer of sustainability* é definido por Prescott-Allen (1997) como uma ferramenta para medir e comunicar para a sociedade o bem-estar e o progresso em direção ao desenvolvimento sustentável. Ela fornece um meio sistemático de organizar e combinar indicadores de maneira que os usuários possam chegar a conclusões sobre as condições das pessoas, dos ecossistemas e dos efeitos da interação entre as duas esferas. O sistema apresenta essas conclusões visualmente, fornecendo aos atores interessados um retrato do bem-estar humano e ecológico.

Na obra *The wellbeing of nations*, Prescott-Allen (2001) parte da premissa de que a abordagem humana de bem-estar é falha. Ele utiliza a metáfora de um ovo, comparando a sociedade à gema ou ao embrião, que depende da clara para se desenvolver. Para superar esse fato, ou esse erro de abordagem, ele desenvolveu um par de índices agregados de bem-estar humano e bem-estar da ecosfera e combina-os dentro de um gráfico de dois eixos principais, a que ele chama de barômetro da sustentabilidade. O autor fornece aos dois índices, ou eixos, o mesmo peso, sendo que o barômetro procura passar a mensagem de que ambos são essenciais para o bem-estar e a saúde do sistema, tendo como objetivo final alcançar o desenvolvimento sustentável.

Prescott-Allen também considera que a dificuldade em alcançar o desenvolvimento sustentável está ligada aos problemas relacionados à sua definição. Ele discute algumas definições e alguns termos presentes na concepção do desenvolvimento sustentável como: condição humana desejável; condição ambiental desejável e equidade (Prescott-Allen, 1999).

Existem diferentes perspectivas relativas ao desenvolvimento sustentável ou às suas diferentes dimensões: as definições variam de acordo com as dimensões relacionadas ao conceito do sistema que aborda duas, até o sistema de quatro dimensões, como sugere a Comissão de Desenvolvimento Sustentável da ONU.

Prescott-Allen (1999) discute também a questão dos pesos do meio ambiente e da sociedade em um sistema com diferentes dimensões. Num sistema com três dimensões, o peso atribuído à sociedade é, para ele, duas vezes maior que o do meio ambiente, enquanto num sistema de quatro dimensões da CSD o peso é três vezes maior. Já no sistema da OECD, com foco ambiental, a preocupação é estritamente ecológica, desprezando-se as questões sociais e, no outro extremo, com a contabilidade econômica tradicional, pouca importância é dada para o meio natural.

As visões de sustentabilidade diferem também pela maneira como os diferentes componentes, humano e ecológico, podem ser substituídos um pelo outro. As várias abordagens têm sido classificadas por economistas de sustentabilidade fraca, sensível, forte e absurdamente forte (Serageldin e Steer, 1994), ou de maneira similar por Pearce (1993). A sustentabilidade fraca não está preocupada com as partes, mas apenas com o todo ou a soma total do sistema; as partes, ou a sua redução, podem ser substituídas por outras ou pelo aumento delas. Assim, a qualidade ambiental pode declinar de maneira isolada, mas pode ser compensada pelo incremento na qualidade de vida humana. O incremento do capital humano pode compensar as perdas do capital natural.

A sustentabilidade sensível está essencialmente interessada na manutenção do todo, mas dá alguma atenção para as partes envolvidas. As partes são reconhecidas como substituíveis até certo ponto, a partir desse ponto mínimo não se pode prever os efeitos provocados, o que leva a um certo grau de prudência ecológica. A sustentabilidade forte requer a manutenção das partes do sistema, e do sistema como um todo, em boas condições; nenhuma das partes do sistema pode ser substituída por outra e, em algumas versões, existe apenas uma limitada sustentabilidade dentro das partes. Na sustentabilidade muito forte as partes devem ser mantidas integralmente ou intactas.

A avaliação através de ferramentas específicas pode construir um consenso e expandir as contingências regionais e locais da sustentabilidade pelo estímulo à reflexão e à promoção do debate, no qual essas diferentes perspectivas possam ser observadas. Se o processo de avaliação é realizado em diferentes níveis, como o global, nacional, regional, provincial e local, ligações podem ser construídas para superar o desconhecimento existente entre eles em termos de avaliação.

O barômetro da sustentabilidade faz parte do sistema de avaliação *system assessment method* (SAM), um método de avaliação das condições humanas e ambientais e do progresso em direção à sustentabilidade. Ele foi projetado para ser utilizado em qualquer nível, do global até o local, e está relacionado tanto ao monitoramento quanto à avaliação das condições humanas e ambientais. O método SAM foi desenvolvido e testado pelas equipes do IUCN/IDRC em alguns países da África, Ásia e da América Latina (Prescott-Allen, 1997).

As características fundamentais deste sistema são: igual tratamento do ecossistema e das pessoas; hierarquia das questões e objetivos; sistema comum de dimensões; barômetro da sustentabilidade; estágio de seis ciclos; processo dirigido pelo usuário.

O método assume a hipótese de que o desenvolvimento sustentável consiste na combinação entre o bem-estar do ecossistema e o bem-estar humano. O bem-estar humano é definido pela condição na qual todos os membros da sociedade são capazes para determinar e alcançar suas necessidades e ter uma ampla possibilidade de alcançar ou realizar seu potencial. O bem-estar do ecossistema é definido como a manutenção da condição segundo a qual o ecossistema mantém sua diversidade e qualidade, juntamente com sua capacidade de suporte para a vida humana e de outros seres. O sistema também inclui o potencial de adaptar e mudar, fornecendo uma ampla gama de possibilidades para a dimensão futura (Prescott-Allen, 1999).

O autor procura definir seu sistema pela metáfora de bem-estar do ovo. O embrião depende da clara do ovo que o nutre, da mesma forma que as pessoas dependem do ecossistema que as envolve e as alimenta. Ao mesmo tempo, um ecossistema saudável não tem sentido, ou não é compensatório, se as pessoas são vítimas de problemas como a fome, a miséria, o desemprego, a violência e a opressão. Um ovo pode ser bom apenas se as partes que o constituem estiverem em boas condições; a mesma regra vale para a interação entre o homem e a natureza. O bem-estar humano é premissa básica para o desenvolvimento sustentável, pois nenhuma pessoa consciente deve aceitar um baixo padrão de existência por um longo período. Da mesma forma, o bem-estar da natureza é necessário, pois é ele que fornece a capacidade de suporte para todo o tipo de vida. As condições humanas e ecológicas são igualmente importantes e uma sociedade sustentável deve alcançar esses dois objetivos conjuntamente (Prescott-Allen, 2001, 1999, 1997).

Pelas razões anteriormente expostas pelo autor, as duas dimensões (humana e ecológica) têm peso igual no seu sistema e são mensuradas separadamente. As informações são organizadas em dois subsistemas: pessoas (comunidades humanas, economias e artefatos) e ecossistemas (comunidades ecológicas, processos e recursos). Essa divisão entre pessoas e ecossistemas permite a comparação dos progressos nos sistemas e possibilita avaliar o seu custo. Para Prescott-Allen, sem conhecer qual combinação de bem-estar humano e ecológico é sustentável, não é possível medir a sustentabilidade de um sistema. Uma sociedade está mais próxima de ser sustentável se sua condição (bem-estar) é alta, e o estresse (oposto do bem-estar ambiental) sobre o sistema ecológico é baixo. O progresso em direção à sustentabilidade pode ser mostrado, então, pela quantidade de bem-estar humano adquirida por unidade de estresse ecológico.

Prescott-Allen afirma que o *barometer of sustainability* é um instrumento, uma ferramenta, um meio e não um fim. O seu objetivo é estimular as pessoas a dar maior atenção para as questões relacionadas ao bem-estar humano e ambiental; consequentemente, os resultados do sistema devem ser acompanhados pela análise das questões-chave. Os resultados e a análise devem permitir aos gestores e ao público em geral tirarem conclusões sobre o estado do meio ambiente e da própria sociedade, suas principais interações e as prioridades de ação.

A avaliação de um determinado sistema, considerando o desenvolvimento sustentável, envolve julgamentos de valor tanto para a ferramenta de avaliação quanto para suas metas, passando pelas decisões dos indicadores, sua agregação e interpretação. Esses julgamentos devem ser claros, permitindo que as pessoas que discordem dos parâmetros sugiram alternativas que podem alterar a avaliação. Todo o processo de avaliação deve ser conduzido de maneira que permita a utilização de diferentes indicadores ou arranjos alternativos; os atores sociais envolvidos devem conhecer os dados, que são as bases dos indicadores, juntamente com as interpretações e julgamentos envolvidos na sua escolha, cálculo e combinação (Prescott-Allen, 1999).

Prescott-Allen justifica a utilização do sistema uma vez que, dada a complexidade do conceito de desenvolvimento sustentável, essa ferramenta de avaliação fornece uma integração de medidas científicas junto com a transparência sobre os valores. O sistema convida os usuários para que tornem claro o que consideram importante e mostra os valores contidos no sistema dessa forma. O *barometer of sustainability* não é um sistema absoluto e sim uma abordagem relativa, a partir dos processos deve-se decidir quais indicadores ou índices devem ser abordados pela ferramenta. Assim, o método pode ser utilizado dentro de uma grande variedade de esferas de avaliação.

O *barometer of sustainability* pode ser utilizado como ferramenta de comunicação, uma vez que conduz à reflexão sobre o significado dos termos bem-estar humano, bem-estar do meio ambiente, a relação entre estes dois elementos e a importância dos dois para o desenvolvimento sustentável. Essa ferramenta de avaliação também pode ser utilizada para comparar a maneira como as pessoas se percebem em termos de bem-estar, humano e ambiental, e como os dados convencionais, objetivos, fornecidos por instituições públicas ou não, procuram retratar esse bem-estar. Em outras palavras é uma ferramenta útil para observar as diferenças e as similaridades entre as percepções subjetivas das pessoas e os dados que procuram retratar de forma objetiva o bem-estar humano e ecológico.

Uma das vantagens do sistema é sua abordagem holística, que também é uma característica do desenvolvimento sustentável, obtida pela integração do bem-estar humano com o meio ambiente. O bem-estar humano e do ambiente são combinados de uma maneira adequada, procurando preservar as informações do processo. O declínio de um determinado índice não mascara o crescimento de outro; isso é particularmente importante no índice geral, mas, segundo Bossel (1999), não impede algum tipo de mascaramento no subíndice, se ele existir. Trata-se de uma excelente forma de apresentar graficamente o conceito de sustentabilidade, além de permitir meios para uma análise comparativa.

Para Prescott-Allen (2001, 1999) os atores devem utilizar os resultados da avaliação para reorientar suas ações, pois são eles os responsáveis pelas principais decisões do processo. A participação no sistema de tomada de decisão relativa ao processo de avaliação é um dos aspectos fundamentais no processo. A contribuição construtiva dos atores envolvidos permite um constante processo educativo dentro de um sistema altamente complexo e dinâmico. Os dados coletados durante a avaliação devem estar disponíveis a todas as pessoas envolvidas no processo e as suposições e julgamentos de valor devem ser, dentro das possibilidades, os mais transparentes.

A decisão crucial da avaliação é a identificação das questões e objetivos, escolha dos indicadores e decisão dos critérios de performance. Essas decisões devem ser tomadas pelos usuários assistidos por especialistas, que devem fazer a compilação e o gerenciamento dos dados e resultados, a combinação dos indicadores e índices, a análise de seus resultados e a produção de textos ou relatórios específicos.

A questão dos pesos, ou de como dividir a escala de performance, faz com que o método não seja considerado científico para muitos autores, entretanto o índice incorpora, de forma transparente, os valores dentro do conceito de sustentabilidade. Os cálculos são, de certa maneira, complexos e podem ser realizados apenas se algumas metas numéricas ou padrões existirem. O sistema usa uma escala percentual para a medida da performance, utilizando os índices de bem-estar humano e do ecossistema, calculando os subíndices e fornecendo dados comparativos e dispositivos gráficos de apresentação (Bossel, 1999).

O método de avaliação SAM, do qual o *barometer of sustainability* faz parte, foi desenvolvido com o intuito de se tornar acessível aos seus usuários potenciais em todos os níveis, e para que estes usuários pudessem controlar seu próprio processo de avaliação. Prescott-Allen ressalta que, sem a devida precaução em relação a esses aspectos, a avaliação pode resultar numa mera compilação de dados, da qual é difícil retirar conclusões úteis. O investimento no processo de avaliação não tem, necessariamente, o devido retorno na forma de informações úteis para os tomadores de decisão.

O autor afirma que, se o processo de mensuração considerar alguns cuidados já descritos, os resultados podem revelar, para os atores envolvidos, alguns aspectos importantes do sistema no qual vivem: as condições e tendências das pessoas; as condições e tendências do ecossistema; o bem-estar geral, decorrente da combinação das duas dimensões; o progresso em direção à sustentabilidade; as condições e tendências dos diversos componentes do sistema; os índices onde a performance é fraca; as relações-chave dentro do sistema; o déficit de informação (Prescott-Allen, 1999, 2001).

Em relação às críticas direcionadas à escala de performance, considerada por muitos autores extremamente subjetiva, Prescott-Allen responde que este tipo de escala não é mais ou menos subjetivo do que qualquer método atualmente utilizado de monetarização; e a maior vantagem, para ele, é o fato de que a escala é mais transparente do que esses métodos, uma vez que na escala de performance devem ser definidas explicitamente quais as medidas consideradas boas e quais as consideradas inaceitáveis.

Capítulo 10

Indicadores de sustentabilidade: uma análise comparativa

O capítulo 9 tratou da descrição e da análise individual das três ferramentas selecionadas para realização de um estudo comparativo sobre indicadores de sustentabilidade. As ferramentas foram observadas considerando seus antecedentes históricos, seus fundamentos teóricos e sua aplicação prática para que se pudesse construir uma visão crítica dos principais aspectos que as caracterizam.

Essa apreciação crítica é o ponto de partida para a última etapa deste livro, que procurou realizar uma análise comparativa das ferramentas utilizando todo o arcabouço teórico e empírico construído até o momento, juntamente com as dimensões de análise propostas no capítulo referente à metodologia.

Este capítulo aborda especificamente a análise. Seu objetivo é fornecer um retrato comparativo das três ferramentas selecionadas, utilizando as categorias de análise descritas na metodologia do trabalho em conjunto com as quatro dimensões já abordadas. Na etapa final, na medida do possível, os principais aspectos que distinguem e que unem as diferentes metodologias estudadas foram abordados. Eles serão considerados a partir das categorias de análise expostas a seguir.

Escopo

A primeira categoria utilizada nesta análise comparativa denomina-se escopo. Como definido no capítulo referente à metodologia, verificou-se nessa categoria quais são as dimensões que predominam em cada uma das ferramentas para avaliar a sustentabilidade abordadas neste trabalho. Muito embora a classificação por escopo mais comum considere três dimensões, aqui foi utilizada, além das dimensões usuais (ecológica, social e econômica), a dimensão institucional.

Essa inclusão é necessária uma vez que um dos sistemas selecionados para comparação adota essa dimensão. O emprego do escopo institucional se justifica pelo fato de o sistema de indicadores sugerido pela Comissão de Desenvolvimento Sustentável das Nações Unidas utilizar quatro dimensões, e os indicadores relacionados a cada uma delas derivar dos diferentes capítulos da *Agenda 21*. Esse sistema de quatro escopos vem ganhando legitimidade crescente entre os especialistas em desenvolvimento sustentável e, assim, sendo adotado em diferentes sistemas de avaliação.

Como já descrito, a dimensão ecológica está relacionada basicamente com as condições e as mudanças que ocorrem nos recursos naturais. O escopo social é caracterizado por medidas referentes a condições e mudanças da sociedade e o escopo econômico está ligado a informações sobre produção, comércio e serviços. Já os principais elementos da dimensão institucional são abordados em vários capítulos da *Agenda 21* e tratam especificamente: da integração do conceito de desenvolvimento sustentável ao processo de tomada de decisão; da questão do desenvolvimento científico; da cooperação nacional e internacional; e da integração entre meio ambiente e desenvolvimento.

O *ecological footprint method,* no que se refere ao escopo, pode ser classificado como uma ferramenta que tem como fundamento principal a dimensão ecológica. Essa característica é ressaltada pelos autores do sistema em diversos momentos.

Segundo eles o único método de aproveitamento racional da natureza é a manutenção do capital natural. Isso nada mais é do que a utilização do sistema — o meio ambiente — em função da sua capacidade de carga, contabilizando os fluxos de matéria e energia. Como já exposto, o *ecological footprint* reflete a realidade biofísica, pois, para seus autores, a economia humana nada mais é que um subsistema da ecosfera. Eles ressaltam diversas vezes que a sociedade constitui uma parte da natureza e para viver dentro de um modelo sustentável deve-se assegurar que os produtos e processos da natureza sejam utilizados numa velocidade que permita a sua regeneração.

O que é denominado por diversos autores "sustentabilidade forte" constitui o eixo central da ferramenta. Considerando os níveis atuais de depleção de recursos naturais, qualquer sistema que procure ser sustentável deve assegurar uma estabilidade ecológica no longo prazo.

A ênfase do sistema no escopo ecológico é definida no momento em que se afirma que, para que um sistema se mantenha, deve-se assegurar uma quantidade de energia e recursos naturais suficiente e certificar-se de que a capacidade de absorver resíduos não seja diminuída. Apesar de conservador, no sentido de trabalhar com um modelo de produtividade ecológica simplificado e otimista, os fundamentos do sistema estão relacionados unicamente ao sistema natural.

Observa-se, em diversos momentos, que os autores do sistema não descartam a importância dos sistemas econômicos e sociais para alcançar a sustentabilidade. Essa discussão inclusive aborda elementos associados à necessidade de melhorar a legitimidade dos sistemas de indicadores que representem a sustentabilidade do desenvolvimento. Entretanto, e apesar dessas considerações, a essência do sistema é fundamentalmente ecológica.

A observação e o estudo da ferramenta conhecida como *dashboard of sustainability* permitem algumas considerações sobre o seu escopo. Primeiro, considerando a fundamentação teórica, o sistema não parte de uma configuração definida sobre quais dimensões devem ser consideradas para se avaliar a sustentabilidade. A maioria dos especialistas que trabalham com essa ferramenta considera a configuração com três dimensões a mais adequada.

Assim, as primeiras versões da ferramenta utilizavam três mostradores no painel de sustentabilidade que representavam a performance ecológica, social e ambiental de um determinado sistema. Entretanto, como descrito, o *dashboard of sustainability* é um modelo teórico que utiliza um software para efetuar a agregação dos diferentes indicadores e índices. Por se tratar de um sistema computacional, essa ferramenta permite uma liberdade maior para a realização de diferentes avaliações considerando dimensões distintas. Essa flexibilidade conduziu diversos especialistas a adotarem um sistema com quatro escopos distintos: ecológico, social, econômico e institucional.

A experiência prática mais atual de avaliação, preparada para a Cúpula Mundial sobre Desenvolvimento Sustentável, já citada, realiza uma análise comparativa entre diferentes países considerando essas quatro dimensões.

Por último cabe analisar a ferramenta denominada *barometer of sustainability* considerando a categoria escopo. Observa-se em toda a fundamentação teórica e aplicação prática que o enfoque da ferramenta se dá predominantemente sobre duas dimensões: a ecológica e a social.

Quando discutem o conceito de escala de performance, um dos elementos centrais da metodologia, os autores da ferramenta ressaltam a necessidade de se medir o sistema como um todo. A totalidade do sistema refere-se especificamente à ecosfera e à socioesfera. Esse aspecto é ressaltado diversas vezes, quando diferentes autores discutem a metodologia. O objetivo do sistema é mensurar, ou ter uma visão geral, do bem-estar da sociedade e do ecossistema, sendo que estes dois subsistemas definem fundamentalmente a sustentabilidade para os autores.

O progresso em direção à sustentabilidade deve ser mensurado pela integração entre indicadores biofísicos e de saúde social. O sistema não privilegia nenhum dos dois subsistemas, e um dos elementos considerado central na discussão da ferramenta refere-se à igualdade de tratamento dado às pessoas, à sociedade e aos ecossistemas. A representação visual da sustentabilidade oferecida pelo *barometer of sustainability* reforça o aspecto da igualdade de tratamento entre os sistemas, uma vez que a sustentabilidade do sistema não pode ser obtida à custa de um dos subsistemas.

A dimensão social é representada pelo bem-estar humano por medidas como saúde, educação, índice de desemprego etc. Já a dimensão ecológica é função da qualidade da água, terra, ar, biodiversidade e utilização de recursos, como foi mostrado na figura 13.

O exemplo prático abordado anteriormente, do estudo comparativo entre nações, também revela a centralidade das dimensões ecológica e social nessa ferramenta. O estudo, como não poderia deixar de ser, compara os diferentes países a partir do bem-estar da sociedade e estado do meio ambiente utilizando a escala de performance sugerida pela ferramenta. O *wellbeing index* é resultado da combinação das duas dimensões.

No quadro 15 podem-se observar as diferentes ferramentas considerando a categoria de análise escopo.

Quadro 15
Classificação das ferramentas quanto ao escopo

Ferramenta	Ecológico	Social	Econômico	Institucional
Ecological footprint	✓	✗	✗	✗
Dashboard of sustainability	✓	✓	✓	✓
Barometer of sustainability	✓	✓	✗	✗

A análise do quadro, referente ao escopo predominante em cada uma das ferramentas de avaliação, permite algumas considerações.

No que se refere à utilização de diferentes escopos pelos sistemas de indicadores estudados, observa-se que, na medida em que um sistema se utiliza apenas de um escopo, como no caso do *ecological footprint method*, a importância dessa dimensão dentro do sistema assume valor máximo. Assim, no sistema do *barometer of sustainability* a dimensão ecológica tem metade do peso do que no *ecological footprint*. Já no *dashboard of sustainability* o peso dessa dimensão é de apenas um quarto quando comparada com o *ecological footprint*.

Essa observação é muito importante quando se discute o conceito de sustentabilidade. Como já mencionado, a utilização de sistemas de indicadores conduz necessariamente à agregação de dados. Esses dados estão relacionados com as diferentes dimensões do sistema e um excesso de dimensões pode reduzir a sua importância relativa dentro da ferramenta de avaliação.

Talvez esse fato explique a ausência de algumas dimensões da sustentabilidade propostas por Sachs, como a geográfica e a cultural, que são normalmente embutidas em dimensões mais gerais. O excesso de dimensões utilizadas por um sistema de avaliação pode prejudicar a validade dos resultados, mas, por outro lado, um sistema que aborda um único escopo tem relevância limitada.

Esfera

A categoria de análise "esfera" está relacionada com o tipo de unidade a qual a ferramenta de avaliação se aplica. No sistema proposto para classificação, exposto no capítulo da metodologia, foi sugerida a utilização das fronteiras administrativas de diferentes unidades. A seleção das ferramentas para o estudo comparativo reforçou essa opção. A observação das ferramentas também acrescentou alguns níveis para sua classificação: global, continental, nacional, regional, local, organizacional e individual.

No quadro 16 pode ser observada a classificação das metodologias de avaliação quanto à sua esfera. Essa classificação corresponde às possibilidades de aplicação do modelo teórico proposto pela metodologia. As experiências práticas de aplicação das ferramentas nessas esferas são muito mais limitadas.

Quadro 16
Classificação das ferramentas quanto à esfera — modelo teórico

Esfera Ferramenta	Global	Continental	Nacional	Regional	Local	Organizacional	Individual
Ecological footprint	✓	✓	✓	✓	✓	✓	✓
Dashboard of sustainability	✗	✓	✓	✓	✓	✓	✗
Barometer of sustainability	✓	✓	✓	✓	✓	✗	✗

Observa-se que, entre as ferramentas de avaliação, o *ecological footprint method* apresenta o maior campo de aplicação. O sistema pode ser utilizado, segundo seus autores, desde o nível global até o individual. No nível global pode-se calcular a área equivalente requerida para manter o padrão de consumo da ecosfera, e no individual pode-se calcular a mesma área para um padrão específico de consumo. Também é possível determinar a "pegada ecológica" de uma determinada organização, pública ou privada, industrial ou de serviços, em função dos fluxos de matéria e energia relacionados.

O *dashboard of sustainability*, tal como é hoje concebido, permite realizar avaliações nas esferas continental, nacional, regional, local e organizacional. O sistema não prevê um modelo para avaliação individual de sustentabilidade, como também não possibilita a mensuração do grau de sustentabilidade global.

Na esfera global não é possível realizar esse tipo de avaliação, uma vez que os intervalos da escala do sistema são determinados pela interpolação entre o pior caso e a melhor situação e no nível global não é possível realizar essa interpolação. A esfera individual também não é trabalhada, uma vez que não são utilizados indicadores individuais.

Essas características revelam uma importante função da ferramenta que é servir basicamente como elemento de comparação entre diferentes sistemas ou do mesmo sistema em diferentes momentos. Esse método, como é atualmente concebido, não é capaz de fornecer um retrato da sustentabilidade de um sistema, se ele for considerado isoladamente.

O *barometer of sustainability*, embora semelhante ao *dashboard*, apresenta algumas diferenças nesse aspecto. Trata-se também de uma ferramenta predominantemente comparativa, no entanto a sistemática de construção dos indicadores lhe permite avaliar a situação de um sistema de maneira isolada. A escala do *barometer*, quando é construída, define antecipadamente quais são as faixas, ou setores, que devem representar um sistema mais sustentável. Uma vez que esses setores dentro da escala são previamente determinados, é possível, ao final da avaliação, afirmar qual o grau de sustentabilidade do sistema. Obviamente essa afirmativa deriva dos valores embutidos no sistema, representados tanto pelos indicadores utilizados na avaliação quanto também na determinação das diferentes faixas na escala.

O *barometer of sustainability* não prevê a avaliação dentro das esferas organizacional e individual, mas abrange todas as outras, inclusive a global.

Todas as discussões anteriores estão relacionadas às possibilidades teóricas de cada uma das ferramentas abordadas. No campo da experiência prática apenas a ferramenta *ecological footprint* tem sido testada nas mais diferentes esferas. O *dashboard of sustainability* e o *barometer* atualmente dispõem de experiências considerando a esfera nacional e alguns casos regionais.

Dados

A terceira categoria de análise utilizada refere-se à observação dos dados empregados nas diferentes metodologias estudadas. Procurou-se observar os dados utilizados pela ferramenta sob dois aspectos distintos: o tipo e o grau de agregação desses dados.

Como discutido na metodologia, a tipologia refere-se à ênfase metodológica dos dados, ou seja, à utilização de informações quantitativas e/ou qualitativas, e em que proporções. Já o grau de agregação é discutido sob a luz dos dados utilizados em cada uma das ferramentas e sua localização relativa dentro da pirâmide de informações.

Tipologia

Analisou-se aqui cada uma das ferramentas considerando os tipos de dados utilizados. Verifica-se, a partir da fundamentação teórica e das experiências práticas observadas, que todas as ferramentas estudadas se utilizam unicamente de dados quantitativos. Todas as ferramentas fornecem como resultado final um índice que é consequência da agregação de subíndices e indicadores, e ele é um valor numérico para todos os métodos.

Esse aspecto pode ser explicado pelo fato de os especialistas envolvidos com projetos relacionados à mensuração do desenvolvimento afirmarem repetidamente a necessidade não só de se desenvolverem ferramentas que preencham essa função, mas também de que elas sejam compatíveis entre si, permitindo a comparação de diferentes unidades avaliadas no tempo e no espaço. Um grau elevado de comparabilidade está necessariamente vinculado à utilização de dados quantitativos. Existe a necessidade, como já exposto, de dados com alto grau de confiabilidade e de objetividade. Entretanto, deve-se recordar que os custos associados à geração desse tipo de dado são muitas vezes elevados para utilização em pequenas unidades.

Muito embora os dados utilizados e os resultados encontrados pelas diferentes ferramentas sejam quantitativos, algumas considerações podem ser feitas sobre as diferenças fundamentais entre os métodos quando se considera essa categoria.

Primeiramente deve-se observar que o *ecological footprint method* é uma ferramenta que trabalha exclusivamente com dados quantitativos, uma vez que se trata de um modelo que transforma fluxos de matéria e energia em área apropriada, e essas grandezas são exclusivamente quantitativas.

Já o *barometer* e o *dashboard of sustainability*, apesar de trabalharem com dados e indicadores essencialmente quantitativos, apresentam uma dimensão qualitativa, e ela está expressa de diferentes formas nessas duas ferramentas.

Os indicadores utilizados para a construção dos índices de sustentabilidade, tanto no *barometer* quanto no *dashboard*, refletem julgamentos de valor dos atores sociais envolvidos no processo de avaliação. No *barometer of sustainability* o aspecto qualitativo do sistema surge ainda quando se observam as faixas ou setores empregados pela ferramenta. Esses setores representam valores relacionados com a sustentabilidade, constituindo grandezas subjetivas e não quantificáveis.

A representação gráfica do *barometer of sustainability* ressalta também a dimensão qualitativa da ferramenta. O índice fornecido pelo método, WI, não procura representar a sustentabilidade do sistema. Ela só pode ser verificada a partir das coordenadas de bem-estar social e ecológico, quando inseridas na figura do barômetro.

O atual modelo do *dashboard of sustainability*, apesar de trabalhar com uma escala de cores, não é semelhante ao barômetro nesse aspecto. O índice geral de sustentabilidade fornecido pelo sistema é resultado direto da média aritmética dos índices de cada uma das quatro dimensões utilizadas pela ferramenta. O índice, numérico, está associado a uma determinada cor dentro do modelo computacional utilizado. Essa cor representa a sustentabilidade do sistema, tanto no índice geral quanto nos subíndices da ferramenta.

Pode-se afirmar que, embora todas as ferramentas utilizem dados numéricos, no *ecological footprint method* o conceito de sustentabilidade está mais associado a uma dimensão quantitativa. Embora os autores da ferramenta afirmem que a sustentabilidade extrapola a dimensão ecológica, o problema da sustentabilidade nessa ferramenta é solucionado por um aproveitamento racional dos recursos naturais, alcançado com um balanço dos fluxos de massa e energia eficiente.

Nas outras duas ferramentas de avaliação o conceito de desenvolvimento sustentável está associado a uma qualidade do sistema como um todo, que pode ser exposta por dados numéricos objetivos. A escolha dos indicadores e subindicadores reflete o conceito de sustentabilidade dos usuários e dos especialistas que desenvolveram as ferramentas.

A transformação de uma qualidade (o grau de sustentabilidade do desenvolvimento) em uma quantidade (expressa pelo índice geral de sustentabilidade) é fruto da necessidade que a sociedade tem de trabalhar com ferramentas eficientes que orientem o processo decisório. Para auxiliar nesse processo, sistemas de indicadores devem fornecer informações objetivas e agregadas que reflitam a realidade existente.

Agregação

Como foi destacado na seção anterior, sistemas de indicadores procuram gerar informações a partir da agregação de dados que descrevem a realidade de um método. Isso será discutido a seguir.

O grau de agregação dos dados de uma determinada ferramenta de avaliação pode ser observado pela localização relativa de seus índices, indicadores e dados na pirâmide de informações. O topo da pirâmide corresponde ao grau máximo de agregação e a base da pirâmide representa os dados primários desagregados. No quadro 17 estão representadas esquematicamente as principais características das ferramentas selecionadas quanto à agregação.

Quadro 17
Classificação das ferramentas quanto aos dados — agregação

Pirâmide de informação	Ecological footprint method	Dashboard of sustainability (Anexo C)	Barometer of sustainability (Anexo D)
Índice	Área apropriada	Sustainability index (SI)	Wellbeing index (WI)
Subíndices	Não utiliza	Índice ecológico (IE) Índice social (IS) Índice econômico (IE) Índice institucional (II)	Índice ecológico (EWI) Índice humano (HWI)
Indicadores	Não utiliza	IE — 13 indicadores IS — 12 indicadores IE — sete indicadores II — sete indicadores	EWI — cinco indicadores HWI — cinco indicadores
Subindicadores	Não utiliza	Não utiliza	Utiliza dois indicadores para cada indicador principal
Dados analisados	Resultado dos fluxos de matéria e energia em função do consumo estimado do sistema	Utiliza	Utiliza
Dados primários	Fluxos de energia e matéria de um sistema	Utiliza	Utiliza

Observa-se que todas as ferramentas estudadas apresentam um índice geral altamente agregado. No *ecological footprint method* trata-se da área apropriada por um determinado sistema, mensurada em quilômetros quadrados ou medida equivalente. Quanto maior a área apropriada, considerando um sistema de dimensões constantes, menor o grau de sustentabilidade do mesmo.

O *dashboard of sustainability* também apresenta como resultado da avaliação um índice geral de sustentabilidade. Esse índice varia de 0 a 1.000, sendo que 1.000 representa a melhor e 0 a pior situação em termos de sustentabilidade. O *barometer of sustainability* também gera um índice geral, o *wellbeing index*, altamente agregado. Ele pode variar de 0 a 100 e, quanto mais próximo de 100, maior o grau de sustentabilidade da unidade avaliada.

Essa semelhança com relação à existência de um índice altamente agregado não deve ocultar as diversas particularidades de cada uma das ferramentas quando se considera o grau de agregação de seus dados.

Primeiramente, quando se analisa o *ecological footprint method* sob a perspectiva da pirâmide de informações, destaca-se o fato de essa ferramenta não trabalhar com índices ou indicadores intermediários. Efetivamente, a ferramenta utiliza dados primários que, depois de analisados, vão se transformar no índice geral ou área apropriada pelo sistema.

As ferramentas *dashboard* e *barometer of sustainability* utilizam diferentes índices e indicadores para chegar ao resultado final da avaliação, ou seu índice final agregado. A finalidade desse índice no *barometer* é limitada, procurando apenas classificar os sistemas para realização de comparações. A sustentabilidade efetiva só pode ser mensurada pela observação das duas dimensões na figura proposta pelo método. No *dashboard of sustainability* o índice geral também é resultado da média numérica das dimensões que o método utiliza. Comparado com o método anterior o *dashboard* trabalha com o dobro de subíndices e consequentemente com um número maior de indicadores.

Recorde-se, novamente, o dilema intrínseco de trabalhar com indicadores no processo de avaliação. Ao mesmo tempo em que apresentam vantagens, no sentido de retratar a realidade de uma maneira resumida, eles podem simplificar exageradamente o mundo real. Os três sistemas abordados trabalham dentro de um nível de agregação adequado, que permite simplificar a realidade e que os atores acompanhem seu processo de desenvolvimento. Por outro lado, as ferramentas procuram não se descuidar do processo de geração desses índices altamente agregados. Exceto o *ecological footprint method*, as outras duas ferramentas procuram fornecer aos atores e avaliadores os subíndices, indicadores e dados que levam à construção do índice geral. Essa transparência do sistema permite incrementar uma importante dimensão de qualquer processo de avaliação, a participação, que será abordada a seguir.

Participação

Essa dimensão de análise procura verificar a orientação das ferramentas em termos de participação dos atores sociais envolvidos numa experiência de avaliação. Como discutido na metodologia, ela deve ser observada sob a perspectiva de dois extremos de um mesmo vetor clássico: a abordagem *top-down*, onde o processo de avaliação é orientado predominantemente por especialistas, e a abordagem *bottom-up*, que confere um peso de participação maior ao público-alvo.

Reafirme-se que as duas abordagens, *top-down* e *bottom-up*, constituem extremos de uma mesma linha, e que cada ferramenta de avaliação pode ser inserida dentro desse *continuum*. A análise dos pressupostos teóricos e práticos de cada um dos métodos de avaliação conduziu ao esquema de classificação das ferramentas sob a perspectiva dessa categoria apresentado no quadro 18, onde podem ser observadas algumas características dos três métodos estudados quanto à participação.

Entre as ferramentas estudadas, o *ecological footprint method* é a única que apresenta, quanto à participação, uma abordagem unicamente *top-down*. Como o método é derivado do conceito de capacidade de carga, que se limita a calcular a área apropriada e a capacidade biofísica de um determinado sistema, o grau possível de intervenção dos atores envolvidos no processo de avaliação é mínimo.

Na realidade, o *ecological footprint method* permite apenas a intervenção de especialistas na medida em que é possível que eles estimem alguns dos parâmetros para calcular a área apropriada e a capacidade biofísica do sistema. Entretanto, o grau de liberdade nesse tipo de estimativa é reduzido, uma vez que todo o cálculo deve ser fundamentado em dados quantitativos relativos aos fluxos de matéria e energia do sistema.

Os outros dois sistemas de avaliação, o *dashboard* e o *barometer of sustainability*, permitem uma intervenção maior dos atores envolvidos no processo. Eles podem ser classificados no que se denomina abordagem mista, uma vez que os atores envolvidos têm a possibilidade de intervir no processo, mesmo ele sendo orientado quanto às dimensões fundamentais propostas pelos especialistas. A possibilidade de intervenção, entretanto, é diferenciada nos dois processos.

No caso prático da aplicação do *dashboard* observa-se que, apesar da abordagem mista, os índices, os subíndices e os indicadores são sugeridos pelo método. A ferramenta utilizada para comparação dos países em termos de sustentabilidade parte do pressuposto de que quatro dimensões devem ser avaliadas: ecológica, econômica, social e institucional. A partir dessas dimensões é que se chega ao índice de sustentabilidade de um sistema. O sistema avaliado utiliza os indicadores sugeridos pela Comissão de Desenvolvimento Sustentável das Nações Unidas. Esse grupo de indicadores, como já ressaltado, vem obtendo um reconhecimento cada vez maior junto aos especialistas.

Apesar de limitar o grau de participação, a adoção desse sistema de indicadores traz vantagens, pois permite maior comparabilidade entre diferentes avaliações. O sistema também permite atribuir diferentes pesos para cada um dos indicadores, o que constitui um importante foco de intervenção dos atores que estejam envolvidos num processo de avaliação. Embora a participação dos atores seja possível no *dashboard*, ele não sugere nenhum modelo para essa intervenção. Esse é um dos principais aspectos que o diferencia do *barometer of sustainability*.

Quadro 18
Classificação das ferramentas quanto à participação

Top-down / Bottom-up	Ferramenta	
↑↓	*Ecological footprint method*	Abordagem *top-down*. Dados primários determinam a sustentabilidade sem interferência dos atores sociais. Especialistas determinam os coeficientes de conversão de matéria e energia em área apropriada.
	Dashboard of sustainability	Abordagem mista. Índice fornecido pelo método. Subíndices sugeridos pelo método. Indicadores sugeridos pelo método. Os pesos dos indicadores podem ser determinados pelos atores e especialistas. Sistema não prevê um método de participação dos atores sociais na seleção dos indicadores.
	Barometer of sustainability	Abordagem mista. Índice fornecido pelo método. Subíndices fornecidos pelo método. Indicadores e subindicadores sugeridos pelo método. Os pesos dos indicadores podem ser determinados pelos atores e especialistas. Sistema prevê um modelo para seleção dos indicadores considerando especialistas e atores sociais.

O *barometer of sustainability*, quanto à categoria participação, também pode ser classificado dentro da abordagem mista. Da mesma maneira que a ferramenta anterior, os índices, subíndices e indicadores utilizados no estudo comparativo entre as nações são propostos pelos especialistas, porém o peso atribuído aos indicadores e subindicadores pode ser conferido pelos atores envolvidos no processo.

A principal diferença, no que se refere à participação, entre o *dashboard* e o *barometer* é que o último sugere a utilização de um sistema de escolha dos indicadores com a participação de especialistas e do público-alvo. Esse sistema, denominado *participatory and reflective analythical mapping* (PRAM), foi desenvolvido pela IUCN.

As observações referentes ao *dashboard* ao *barometer* foram realizadas considerando a aplicação desses dois sistemas na comparação entre países já descrita. A partir das duas experiências observa-se que os métodos, mesmo partindo de um núcleo predeterminado, permitem a participação não só de especialistas mas também do público-alvo. Na verdade, quando se considera o modelo teórico das duas ferramentas, o grau de participação pode ser ainda maior, pois o sistema do *dashboard of sustainability* considera a possibilidade de trabalhar com um número diferente de dimensões. Deve-se recordar que, no referencial teórico relativo a essa ferramenta, a abordagem predominante considerava três escopos como os mais importantes para se avaliar a sustentabilidade no lugar dos quatro escopos utilizados no estudo comparativo entre países.

No caso do *barometer of sustainability*, no estudo comparativo referente ao bem-estar das nações, a ferramenta utiliza um sistema definido de indicadores que foi construído por Prescott-Allen. Embora existisse a possibilidade, ainda que remota, de participação dos atores nesse estudo, ela não foi considerada tendo em vista a dimensão do projeto. Isso se aplica da mesma maneira ao caso empírico do estudo realizado com o *dashboard of sustainability*. O objetivo dos dois estudos, mais do que proporcionar a participação dos atores, era aplicar e revelar as potencialidades dos métodos de avaliação.

Um aspecto que emerge dessa discussão — sobre o elemento participação na mensuração da sustentabilidade — é o fato de que as características do sistema a ser avaliado devem determinar o grau de participação que pode ser alcançado. Excluindo-se o sistema *ecological footprint*, que trabalha dentro de uma abordagem *top-down*, as outras duas ferramentas permitem a participação dos principais atores no processo de avaliação. O grau de participação pode estar ligado à complexidade do sistema que deve ser avaliado.

Por outro lado, observa-se que nenhuma das ferramentas parte de uma abordagem unicamente *bottom-up*. Tanto o *dashboard* quanto o *barometer of sustainability* partem de um sistema de dimensões previamente definidas. O sistema *dashboard* um pouco menos, pois ainda não se definiu teoricamente com quais dimensões deve trabalhar, mas no *barometer* as dimensões ecológica e social são o ponto inicial de qualquer processo de avaliação.

Interface

A categoria interface, como descrito no capítulo relativo à metodologia, procura analisar as ferramentas selecionadas considerando a facilidade que seus usuários têm de observar e interpretar os resultados obtidos num processo de avaliação. Dentro dessa categoria, observou-se a capacidade das ferramentas em descrever os aspectos mais importantes de uma unidade avaliada de maneira compreensível para os atores que devem estar envolvidos num ciclo de gestão.

Os principais elementos da interface são a capacidade de entendimento, a facilidade de visualização e a interpretação dos resultados e o processo de educação ambiental. Para aprofundar a discussão sobre as ferramentas no que diz respeito à dimensão de análise, quatro subcategorias foram utilizadas, conforme segue: complexidade, apresentação, abertura e potencial educativo.

O objetivo da utilização dessas subdimensões é observar a interface considerando aspectos distintos, porém complementares, das ferramentas de avaliação. As diferenças relativas entre as subdimensões são tênues e seus campos muitas vezes se interpenetram, entretanto sua utilização contribui para fornecer um retrato geral mais detalhado sobre a categoria, ao mesmo tempo em que trata de aspectos distintos dos métodos de avaliação.

Adicionalmente, todas as categorias de análise anteriormente utilizadas para observar as ferramentas (escopo, esfera, dados e participação) são utilizadas nesta última etapa para observar as ferramentas sob uma perspectiva crítica que considera sua interface.

A discussão da interface das ferramentas, a partir das subcategorias, é apresentada a seguir.

Complexidade

Um dos elementos importantes que caracterizam uma ferramenta de avaliação é seu grau de complexidade. Vários autores ressaltam que, apesar de tratar de um fenômeno complexo como o desenvolvimento, os métodos que procuram mensurar a sustentabilidade devem buscar a simplicidade. Mas, como já observado, isso não é um trabalho fácil.

Ao mesmo tempo, avaliar objetivamente o grau de complexidade de uma ferramenta isolada é tarefa árdua, uma vez que é difícil estabelecer parâmetros claros que o determinem. Entretanto, por se tratar de um estudo comparativo, essa avaliação torna-se mais simples. Os parâmetros estabelecidos para a comparação referem-se às considerações críticas dos especialistas quanto aos métodos e à sua complexidade relativa junto aos usuários de cada uma das ferramentas.

Na discussão teórica dos métodos e de suas aplicações, observa-se que todos os especialistas envolvidos consideram, de alguma forma, suas ferramentas simplificadas. Todos os autores reafirmam a complexidade do tema sustentabilidade e a dificuldade de simplificar esse conceito numa ferramenta. Muito embora essa preocupação esteja presente implicitamente em todas as ferramentas observadas, os seus graus de complexidade diferem.

Pode-se afirmar que a ferramenta *ecological footprint* é, entre os métodos de avaliação estudados, a mais complexa. Apesar da simplicidade aparente do conceito de capacidade de carga e da maneira como os resultados são expostos, existe a necessidade de cálculos relativamente complexos a respeito dos fluxos de matéria e energia de um determinado sistema, como, por exemplo, inferir a produtividade ecológica de diferentes sistemas, mensurar o consumo da sociedade, particionar esse consumo em diferentes categorias com impactos diferenciados etc. Esse elevado grau de complexidade referente ao cálculo dos resultados da ferramenta é reforçado quando se observa a categoria de análise anterior, participação. No que se refere a essa dimensão foi observado que a abordagem predominante da ferramenta é *top-down*, ou seja, orientada por especialistas. São eles os responsáveis pela elaboração dos cálculos que determinam a área apropriada e a capacidade biofísica de um sistema.

Comparativamente, o grau de complexidade das ferramentas *dashboard* e *barometer of sustainability* é menor frente ao *ecological footprint method*. Os cálculos envolvidos na determinação do índice geral de sustentabilidade para cada uma das ferramentas são mais simples. Embora cada um dos métodos trabalhe com um número de escopos diferente, dois para o *barometer* e três ou quatro para o *dashboard*, os cálculos envolvidos são muito semelhantes nas duas ferramentas.

Os cálculos básicos envolvidos nessas ferramentas são a média aritmética e a média ponderada dos indicadores. As duas trabalham com interpolação, embora de maneiras diversas. No *dashboard* as escalas para cada indicador são predeterminadas e definidas a partir de seus valores extremos. Os intervalos dessas escalas são definidos pelos graus de sustentabilidade previamente estabelecidos, os intervalos de sete cores sugeridos pelo sistema. Já o *barometer of sustainability* trabalha com uma escala de performance parcialmente controlada, onde o tamanho dos intervalos é controlado em função de alguns parâmetros específicos. Esse tipo de interpolação, não linear, é um pouco mais complexo do que o utilizado no *dashboard of sustainability*.

Embora mais simplificados que o *ecological footprint*, os dois sistemas não podem ser definidos como "pouco complexos" para o público-alvo de uma avaliação. Como já discutido, quando se abordou a categoria de análise referente aos dados, todas as ferramentas se defrontaram com a necessidade de agregação. Tanto o *ecological footprint*, que trabalha com apenas um escopo, quanto o *dashboard of sustainability*, que utiliza até quatro, necessitam de cálculos mais ou menos simplificados que permitam essa agregação de dados predominantemente quantitativos.

Um fato importante que deve ser observado é que todas as ferramentas, em diferentes graus, usam a informática para reduzir a complexidade inerente dos cálculos envolvidos na avaliação. O *ecological footprint method*, apesar de mais complexo, é o sistema mais utilizado com programas que efetuam cálculos para determinar a capacidade biofísica e a área apropriada. O *dashboard of sustainability* é constituído por um software que realiza efetivamente toda a divisão das escalas a partir dos indicadores e dados inseridos pelos usuários. O único que até o momento não utiliza métodos informatizados é o *barometer of sustainability*.

A utilização de programas de computador para os cálculos dentro de cada ferramenta traz consigo algumas considerações críticas importantes quanto à avaliação de sustentabilidade, que serão abordadas no capítulo 11. O quadro 19 traz o grau de complexidade relativa de cada uma das ferramentas.

Quadro 19
Classificação das ferramentas quanto à interface — complexidade

Complexidade	Ferramenta	Características
	Ecological footprint method	**Elevada complexidade** *Sustentabilidade relacionada com:* fluxos de matéria e energia de um sistema. *Alguns cálculos associados:* produtividade ecológica; consumo. *Sistemas de auxílio:* grande número de sistemas informatizados que auxiliam na realização dos cálculos associados.
	Barometer of sustainability	**Complexidade mediana** *Sustentabilidade relacionada com:* índices/indicadores. *Alguns cálculos associados:* média aritmética; média ponderada; interpolação não linear. *Sistemas de auxílio:* inexistentes.
	Dashboard of sustainability	**Complexidade mediana** *Sustentabilidade relacionada com:* índices/indicadores. *Alguns cálculos associados:* média aritmética; média ponderada; interpolação linear. *Sistemas de auxílio:* programa computacional específico para aplicação e desenvolvimento da ferramenta.

Apresentação

A categoria apresentação refere-se às facilidades oferecidas pelo sistema aos seus usuários para verificar a direção de seu processo de desenvolvimento. Da mesma maneira que na categoria anterior, é uma análise comparativa das ferramentas selecionadas quanto a esse aspecto. Os parâmetros são novamente a percepção dos autores da ferramenta quanto à dimensão e à observação dos fundamentos teóricos e empíricos que caracterizam o sistema de avaliação.

Existe um consenso entre os autores de que todas as ferramentas de avaliação do desenvolvimento consideradas têm como uma de suas principais características a apresentação de resultados amigável ao usuário final. No *ecological footprint method* o resultado final fornecido é a comparação da área apropriada com a capacidade biofísica do sistema avaliado, na verdade é a verificação da existência ou não de um déficit ecológico. Na medida em que a área apropriada for maior que a capacidade do sistema pode-se afirmar que o modelo predominante de desenvolvimento não pode ser considerado sustentável. O método permite também que a área apropriada seja estratificada em função dos diferentes modos de apropriação, como, por exemplo, consumo de energia, utilização do solo para produção de alimentos etc. Essa estratificação possibilita analisar a variação do processo de apropriação no tempo. Embora factível, esse tipo de análise vem sendo pouco utilizado e o resultado final apresentado ao público-alvo se resume à área apropriada.

Os métodos *dashboard* e *barometer of sustainability* apresentam seus resultados de maneiras diferentes. Apesar de contarem também com índices numéricos, que refletem a sustentabilidade de um sistema, ambos utilizam mais os recursos visuais. Para os dois métodos, a sustentabilidade pode ser representada por um esquema de cores. Cinco intervalos para o *barometer* e sete para o *dashboard of sustainability*. Os extremos da escala, para os dois métodos, são o verde, mais sustentável ou sustentável, e o vermelho, menos sustentável ou insustentável.

Outro recurso visual utilizado é a forma de apresentação. Como já descrito, o *dashboard of sustainability* usa a figura de um painel, semelhante ao de um automóvel, para apresentar a sustentabilidade de um sistema. O mostrador indica em que nível de sustentabilidade esse sistema se encontra, tanto em termos gerais como dos respectivos índices.

O *barometer of sustainability* também utiliza um recurso visual para apresentar seus resultados. A representação se dá num gráfico que deu origem ao nome da ferramenta, o barômetro. O barômetro é um gráfico bidimensional em que as dimensões ecológica e social são representadas nos eixos e o cruzamento dos respectivos índices determina o grau de sustentabilidade de um sistema. Um resumo das características das ferramentas de avaliação, considerando essa categoria, pode ser observado no quadro 20.

Quadro 20
Classificação das ferramentas quanto à interface — apresentação

	Ecological footprint method	*Dashboard of sustainability*	*Barometer of sustainability*
Índice numérico geral	Presente — área apropriada	Presente — *sustainability index* (SI)	Presente — *wellbeing index* (WI)
Recursos visuais	Não utiliza	Utiliza ▼ Escala de sete cores ▼ Painel de apresentação	Utiliza ▼ Escala de cinco cores ▼ Barômetro de apresentação
Recursos adicionais	Não utiliza	Previsão de sistema de alerta quando ocorrer modificação rápida de indicadores	Esfera de sustentabilidade — metáfora do ovo

Alguns pontos referentes à apresentação devem ser ressaltados. Embora o *ecological footprint method* não utilize muito os recursos visuais, eles podem ser facilmente incorporados ao sistema. A comparação entre área apropriada e a capacidade biofísica permite esse tipo de adaptação, entretanto, a maioria das experiências observadas não utiliza esse recurso.

O *dashboard* e o *barometer of sustainability,* embora semelhantes no critério apresentação, possuem algumas diferenças importantes. As duas ferramentas utilizam um índice numérico geral, porém, no *dashboard of sustainability,* o grau de sustentabilidade decorre do índice geral, enquanto no *barometer* o índice geral representa a média aritmética das duas dimensões do sistema e tem caráter apenas de classificação. O grau de sustentabilidade do sistema só pode ser observado diretamente na representação gráfica do barômetro, pelo seu esquema de cores. Isso significa que no *dashboard of sustainability* a cor que representa a sustentabilidade do sistema é consequência do índice geral e sua posição na escala. Já no *barometer* a posição de um sistema no gráfico é definida não por seu índice geral, mas sim pelos subíndices referentes às suas duas dimensões principais.

O *dashboard* também prevê um sistema de alerta para os usuários para quando um ou mais indicadores ou índices se modificarem muito rapidamente num curto período de tempo. Como ainda não existem muitas experiências da aplicação da ferramenta, esse recurso ainda não pôde ser utilizado.

O *barometer of sustainability* pode apresentar seus resultados no gráfico não apenas com um ponto (interseção entre os eixos do bem-estar humano e ambiental) como também por uma figura, semelhante à do ovo. Essa área, de formato esférico, é construída a partir dos extremos das subdimensões dos dois eixos principais, mas essa característica está mais relacionada à categoria de análise abertura, que será discutida a seguir.

Abertura

Essa categoria de análise possui ligação com a complexidade e a apresentação discutidas anteriormente, mas aborda outro aspecto fundamental das ferramentas de avaliação, a abertura ou *openness*. Nesse caso a preocupação é com a capacidade dos atores sociais envolvidos no processo, tanto especialistas quanto público, de observar os julgamentos de valor que estão incluídos na avaliação.

Recorde-se de que, no capítulo referente à fundamentação teórica, ficou evidenciada a presença, explícita ou implícita, desses julgamentos em qualquer sistema de avaliação. Essa categoria procura mostrar em que grau estes valores implícitos de um sistema de avaliação são revelados ao público-alvo. O grau de abertura de uma ferramenta foi analisado pela pirâmide de informações, que contém os dados primários, dados analisados, indicadores e índices da ferramenta. Quanto maior a possibilidade de observar todas essas informações simultaneamente na interface da ferramenta, ou seja, no seu relatório final — que é oferecido aos atores envolvidos no processo de avaliação —, maior a abertura do sistema. Além disso, para que sejam abertos, os sistemas de indicadores também devem mostrar explicitamente, além de todas as informações utilizadas, o peso atribuído a cada uma delas nos diferentes níveis da pirâmide.

O quadro 21 mostra as principais características das três ferramentas de avaliação observadas no que se refere à abertura. Nesse quadro estão representadas as estruturas de informações de cada uma das ferramentas e se elas, em diferentes níveis, estão expressas de maneira clara e compreensiva no resultado final de um processo de avaliação.

Quadro 21
Classificação das ferramentas quanto à interface — abertura

Grau de abertura	Índice	Subíndices	Indicadores	Subindicadores	Dados analisados
Dashboard of sustainability	Presente SI	Presentes IE IS IE II	Presentes IE — 13 indicadores IS — 12 indicadores IE — sete indicadores II — sete indicadores	Ausentes Não utiliza	Ausentes
Barometer of sustainability	Presente WI	Presentes EWI HWI	Presentes EWI — cinco indicadores HWI — cinco indicadores Opcional	Ausentes	Ausentes
Ecological footprint method	Presente	Ausentes Não utiliza	Ausentes Não utiliza	Ausentes Não utiliza	Ausentes

O *ecological footprint method* apresenta o menor grau de abertura entre as ferramentas estudadas. O relatório final revela apenas a capacidade biofísica e a área apropriada por um determinado sistema. Esse fato decorre do elevado grau de agregação e da estrutura unidimensional do método. Uma vez que a ferramenta opera praticamente sem índices ou indicadores intermediários, a possibilidade de visualizar os principais elementos da avaliação é reduzida.

Já os sistemas *dashboard* e o *barometer of sustainability* apresentam um grau de abertura maior. Os índices, tanto os gerais quanto os relacionados às dimensões da sustentabilidade, estão presentes nas suas interfaces. Existem, porém, algumas diferenças específicas entre os dois métodos.

A interface do *barometer of sustainability* proporciona ao público-alvo a possibilidade de visualizar rapidamente o índice geral de sustentabilidade de um sistema, representada por sua posição dentro do gráfico. Os subíndices relacionados às duas dimensões do sistema (bem-estar social e bem-estar ecológico) também são apresentados, pois determinam a posição do sistema avaliado dentro do gráfico. A apresentação dos indicadores relacionados a essas duas dimensões (10 indicadores no total) é, entretanto, opcional: o resultado pode ser expresso apenas pelo ponto de interseção (figura 12A) ou, de maneira mais completa, pelos dois eixos perpendiculares que se cruzam neste ponto com os valores respectivos dos cinco indicadores referentes a cada uma das dimensões (figura 12B).

No *dashboard of sustainability* a representação das informações contidas no sistema vai um pouco mais longe do que no sistema anterior. Além de exibir em sua interface o índice geral de sustentabilidade, os subíndices relacionados às dimensões do sistema e todos os indicadores que os compõem, o sistema ainda apresenta, de forma visual, o peso de cada um desses indicadores na composição do índice de nível superior. Essa representação é realizada pela fatia correspondente que cada indicador utiliza dentro do painel do sistema.

Esse aspecto diferencia o *dashboard* do *barometer of sustainability*, onde o peso de cada um dos componentes dos indicadores não pode ser observado na interface geral da ferramenta de avaliação. A ponderação dos componentes dos indicadores tem se mostrado uma variável importante para explicar a diferença de resultados de métodos que utilizam escalas de performance.

Observa-se também que a abertura dos dados utilizados numa avaliação só ocorre, para os métodos *dashboard* e *barometer*, até o nível de seus indicadores. Isso se justifica uma vez que quanto maior a abertura maior o número de informações que devem ser expostas na interface do sistema, e o seu aumento excessivo pode prejudicar outras categorias importantes que definem um bom método de avaliação. Já no *ecological footprint method* o problema é outro, pois, como já discutido, a abertura do sistema fica praticamente impossibilitada em função da unidimensionalidade e da complexidade do método.

Potencial educativo

A última categoria relacionada à interface das ferramentas denomina-se potencial educativo. Procura-se verificar a capacidade da ferramenta em representar para o público os dilemas que emergem da relação sociedade-meio ambiente a partir do processo de desenvolvimento. Do mesmo modo que nas categorias anteriores, a análise comparativa das ferramentas é realizada a partir de suas principais características e das considerações críticas de seus autores.

Para os autores do *ecological footprint method*, ele é simples e potencialmente compreensivo. Na perspectiva deles, é tanto analítico quanto educacional, pois a ferramenta não se limita a analisar a sustentabilidade das atividades humanas, mas contribui também para a construção da consciência pública a respeito dos problemas ambientais. Seus resultados podem auxiliar no processo decisório na medida em que revelem a impossibilidade de o padrão de desenvolvimento atual predominante persistir.

O *ecological footprint method*, entre as ferramentas observadas, é a mais antiga e também foi a mais lembrada no levantamento inicial para seleção das metodologias. Como mencionado, existem mais de 4 mil websites que tratam da utilização deste método para as mais diferentes aplicações. Esse aspecto demonstra efetivamente uma capacidade elevada da ferramenta de mostrar para a sociedade civil o grau de pressão exercido sobre o meio ambiente. O sistema reforça permanentemente a ideia da dependência humana de seu meio natural, o que é efetivamente um ponto positivo da ferramenta. Por outro lado, o método aparenta ser pouco eficaz para influenciar o comportamento dos atores responsáveis pelo processo decisório.

O *ecological footprint method* também aborda diretamente dois aspectos fundamentais da sustentabilidade: a capacidade ecológica e a eficiência. A capacidade ecológica define as possibilidades de um sistema em gerar recursos e absorver dejetos e a eficiência está relacionada à otimização na utilização desses recursos e à minimização de seus dejetos. Os autores afirmam, constantemente, que uma das virtudes do modelo é a simplicidade. Embora se possa afirmar que a metodologia de cálculo da área apropriada por um sistema não seja exatamente simples, é impossível não observar que o resultado oferecido pela ferramenta, a área apropriada, é muito direto e revelador sobre a dinâmica de um sistema. É fato comprovado o distanciamento que ocorre entre a sociedade contemporânea e o meio ambiente, que decorre da sua incapacidade de visualizar a dependência do ambiente externo. Assim, o *ecological footprint method* é altamente educativo. Como afirmam alguns autores, o método revela a lógica material da sustentabilidade e permite a realização de cálculos interessantes e provocativos que podem aumentar o grau de consciência a respeito da temática do desenvolvimento.

O *dashboard* e o *barometer of sustainability* são semelhantes em diversos aspectos e por isso também revelam algumas similaridades quanto ao potencial educativo. Diferentemente do *ecological footprint*, esses métodos têm como ponto forte seu impacto sobre os tomadores de decisão e não a sociedade civil em geral.

Diferentemente do sistema anterior, eles revelam apenas parcialmente a dimensão ecológica da sustentabilidade, mas, por outro lado, incorporam dimensões como a social e a econômica para aferir a sustentabilidade do desenvolvimento. Estas últimas ainda são as dimensões mais determinantes em se tratando de execução e planejamento de políticas, tanto públicas quanto privadas.

Entretanto, os especialistas que lidam com essas ferramentas realçam também seu componente educativo para o público-alvo ou sociedade civil. Os dois sistemas utilizam escala de cores e programação visual adequada para sensibilização e conscientização justamente desse público, mas, aparentemente, seu ponto forte está mais relacionado aos tomadores de decisão.

Como os autores do *dashboard of sustainability* salientam, a utilização de índices, pela agregação de indicadores, provoca um maior impacto no público-alvo apesar de mascarar algumas particularidades do sistema. Já a analogia do painel de um carro funciona como uma metáfora da direção ou caminho do desenvolvimento, mostrando ao público-alvo e aos tomadores de decisão a situação atual. Por se tratar de ferramenta recente, com poucas aplicações práticas, é difícil afirmar qual o impacto efetivo do sistema sobre o comportamento da sociedade civil e dos tomadores de decisão, entretanto as suas características indicam que seu potencial educativo pode ser relevante.

O *barometer of sustainability* apresenta as mesmas características principais que o sistema anterior, o que torna essa ferramenta potencialmente educativa na sua interface, porém as diferenças em relação ao *dashboard of sustainability* acrescentam alguns elementos. Diferentemente da ferramenta anterior, o *barometer of sustainability* apresenta como resultado final não apenas um índice de sustentabilidade, representado por um número ou uma cor, mas a composição entre duas dimensões: a social e a ecológica. A maior diferença entre os dois sistemas é que o *barometer of sustainability*, ao mesmo tempo em que incorpora uma dimensão que foge do conceito estritamente ecológico da sustentabilidade, a social, também apresenta um conceito de sustentabilidade que depende fortemente da dimensão ambiental. Como observado, um índice altamente positivo em qualquer uma das dimensões não impede que um sistema possa ser considerado potencialmente insustentável, em função de um valor negativo na outra dimensão.

Esse aspecto revela uma característica de complementaridade interessante do método. O *barometer of sustainability* consegue incorporar em seu referencial a questão essencial da dependência dos ecossistemas, característica forte do *ecological footprint method*, ao mesmo tempo em que trabalha com mais de uma dimensão da sustentabilidade, aspecto importante do *dashboard of sustainability*.

O quadro 22 traz, de maneira resumida, as principais características das ferramentas avaliadas, considerando seu potencial educativo.

Quadro 22
Classificação das ferramentas quanto à interface — potencial educativo

Método	Pontos fortes	Pontos fracos
Ecological footprint method	Destaca a dependência do meio ambiente natural Resultado impactante — área apropriada Influência maior sobre a sociedade civil	Utiliza apenas uma dimensão Cálculos complexos Pouca influência sobre os tomadores de decisão
Dashboard of sustainability	Utiliza no mínimo três dimensões Representação visual Influência maior sobre os tomadores de decisão	Excesso de dimensões mascara a dependência dos recursos naturais Impacto menor sobre o público-alvo
Barometer of sustainability	Revela a dependência do meio ambiente natural Utiliza duas dimensões Representação visual Influência maior sobre os tomadores de decisão	Impacto menor sobre o público-alvo

Capítulo 11

Considerações finais

O objetivo geral deste livro foi analisar comparativamente os sistemas de indicadores de sustentabilidade mais reconhecidos internacionalmente, utilizando cinco categorias de análise. Na direção do objetivo geral alguns objetivos específicos tiveram de ser alcançados. Primeiro, o livro procurou contextualizar o conceito de desenvolvimento sustentável para uma melhor compreensão das ferramentas que procuram mensurar esse tipo de desenvolvimento. Em seguida foi realizado um levantamento inicial das ferramentas de avaliação mais citadas na literatura para, entre elas, selecionar as três mais relevantes e promissoras no contexto internacional, na percepção dos especialistas da área. A partir da escolha descreveu-se cada uma das ferramentas considerando seu histórico, seus pressupostos teóricos e empíricos e o conceito de sustentabilidade derivado desses pressupostos. Todos esses elementos foram utilizados na etapa final do trabalho, que analisou comparativamente as ferramentas selecionadas.

Essa análise foi realizada considerando individualmente cada uma das categorias formuladas, para que se pudesse observar melhor as características de cada uma das ferramentas quando comparadas umas às outras. Um retrato geral, considerando todas as categorias de análise conjuntamente, é apresentado no quadro 23.

Cabe salientar algumas características gerais e importantes que definem cada uma das ferramentas observadas em relação às categorias de análise anteriormente definidas.

O método *ecological footprint* utiliza o menor número de enfoques entre as ferramentas, entretanto apresenta o maior campo de aplicação até o momento. O fato de utilizar apenas uma dimensão, a ecológica, representa um limite. Ao mesmo tempo, pelo fato de superestimar esse enfoque, representa também uma vantagem, que é a de reforçar a importância que essa dimensão encerra em qualquer definição de sustentabilidade.

Quadro 23
Análise comparativa conjunta dos indicadores de sustentabilidade

Categoria de análise	*Ecological footprint method*	*Dashboard of sustainability*	*Barometer of sustainability*
Escopo	Ecológico	Ecológico Social Econômico Institucional	Ecológico Social
Esfera	Global Continental Nacional Regional Local Organizacional Individual	Continental Nacional Regional Local Organizacional	Global Continental Nacional Regional Local
Dados			
Tipologia	Quantitativo	Quantitativo	Quantitativo
Agregação	Altamente agregado	Altamente agregado	Altamente agregado
Participação	Abordagem *top-down*	Abordagem mista	Abordagem mista
Interface			
Complexidade	Elevada	Mediana	Mediana
Apresentação	Simples	Simples Recursos visuais	Simples Recursos visuais
Abertura	Reduzida — ⇔	Mediana — ⇑	Mediana — ⇓
Potencial educativo	Forte impacto sobre público-alvo Ênfase na dependência dos recursos naturais	Maior impacto sobre tomadores de decisão Representação visual	Maior impacto sobre tomadores de decisão Representação visual

A ferramenta trabalha com dados essencialmente quantitativos e altamente agregados. Por não utilizar índices intermediários, o grau de agregação da ferramenta também é elevado e sua abordagem predominante é *top-down*, no sentido de que os especialistas são os atores capazes de realizar os cálculos referentes à capacidade biofísica e ao padrão de consumo de um sistema. Mesmo trabalhando com a dimensão ecológica isoladamente, esse método é altamente complexo pois envolve cálculos refinados sobre fluxos de matéria e energia. Apesar das limitações em relação à participação do público-alvo, essa ferramenta apresenta uma interface altamente impactante sobre o público, não se mostrando, entretanto, até o momento, um método suficientemente forte para mudar o comportamento dos tomadores de decisão.

O *dashboard of sustainability* supera a desvantagem de trabalhar com apenas um escopo e utiliza as quatro dimensões sugeridas pela Comissão de Desenvolvimento Sustentável das Nações Unidas. Isso confere maior legitimidade à ferramenta junto aos tomadores de decisão mas, por outro lado, pode mascarar a sustentabilidade efetiva do desenvolvimento. A ferramenta também trabalha com dados quantitativos e altamente agregados, mas sua abordagem, no que se refere à participação, é mista, isto é, permite a participação do público-alvo. Seu grau de abertura é mediano, embora maior que o do *barometer of sustainability*, permitindo ao público-alvo visualizar os pesos atribuídos aos indicadores diretamente na ferramenta.

O *barometer of sustainability*, comparado às duas ferramentas anteriores, se coloca numa posição intermediária quanto ao escopo. Ele considera a dimensão de bem-estar social juntamente com a dimensão ecológica mas o grau de sustentabilidade não pode ser mascarado à custa de nenhuma das dimensões. Da mesma maneira que no método anterior, a abordagem quanto à participação é mista, pois permite ao público-alvo interferir na formulação e seleção dos indicadores. O seu incremento maior em relação ao *dashboard of sustainability*, nessa categoria, se refere à utilização de um sistema predefinido de escolha dos indicadores.

No que se refere à interface, a abertura do *barometer of sustainability* é mediana, porém inferior ao *dashboard of sustainability*, na medida em que não possibilita ao público visualizar os subíndices e pesos diretamente na ferramenta. Sua complexidade é, da mesma forma, mediana e sua apresentação é simples, com a utilização de recursos visuais. A força da ferramenta no que diz respeito ao processo de educação ambiental é sua abordagem, que concilia duas dimensões da sustentabilidade, sem prescindir de nenhuma delas na avaliação do desenvolvimento, ao mesmo tempo em que fornece um retrato claro e simples da situação de um sistema.

Os comentários anteriores referem-se à comparação das ferramentas selecionadas a partir das categorias de análise propostas. Entretanto, a discussão sobre o conceito de desenvolvimento sustentável, com seu histórico, fundamentos e indicadores conduz o livro a algumas considerações importantes.

Primeiro, deve-se reforçar a importância do desenvolvimento e a utilização de ferramentas que procuram avaliar a sustentabilidade do desenvolvimento. Isso torna-se mais importante a partir dos resultados da Cúpula Mundial sobre Desenvolvimento Sustentável realizada em Johanesburgo, na África do Sul, também denominada Rio+10. Essa conferência, analisada a partir de seus resultados efetivos, deixou clara a decadência momentânea da abordagem multilateral para resolução dos conflitos denominados globais. Em função de diversos acontecimentos recentes, o enfoque multilateral, que historicamente nunca foi predominante, vem perdendo rapidamente terreno para processos bilaterais ou unilaterais de resolução de conflitos. À medida que esses enfoques se fortalecem, a abordagem global da questão da sustentabilidade fica prejudicada, aumentando a dificuldade de obter consensos sobre a resolução de problemas específicos. Os indicadores de sustentabilidade podem funcionar como um elemento importante na solução desse dilema.

A utilização de sistemas de indicadores, para qualquer esfera, tem se constituído importante elemento legitimador na determinação da agenda pública e social para o desenvolvimento. À medida que sistemas de indicadores de sustentabilidade forem reconhecidos e aceitos, tanto internacional quanto nacionalmente, podem se tornar importantes componentes dessa agenda, iniciando um processo eficaz de mudanças de prioridades e de comportamento dos atores sociais. É emblemático o exemplo do índice de desenvolvimento humano que, após receber recentemente um destaque maior na mídia, vem influenciando a agenda política de diversas cidades.

Outro aspecto relevante está relacionado a uma das bases do conceito de desenvolvimento sustentável: a questão das gerações futuras. É um dilema que está presente em todas as ferramentas atuais e provavelmente é insolúvel na prática. Todas as ferramentas fornecem um corte transversal da realidade, isto é, mostram-na num determinado tempo. A perspectiva longitudinal só aparece quando se considera o passado fator determinante da direção do desenvolvimento futuro. A incapacidade lógica de determinar não só as condições futuras, em função da complexidade presente, mas também as necessidades das gerações que nelas viverão, faz com que as ferramentas concentrem sua atenção no estado presente do desenvolvimento. As restrições impostas pela incapacidade de antever as necessidades das gerações futuras todavia não devem limitar essa discussão e os imperativos éticos decorrentes.

Do mesmo modo que o problema das gerações futuras, a questão da multidimensionalidade do conceito de desenvolvimento sustentável suscita algumas indagações importantes. Como foi observado neste livro, existem diferentes concepções a respeito das dimensões relacionadas à sustentabilidade; a escolha e a utilização destas dimensões constituem fator importante quando se procura mensurar o grau de sustentabilidade do desenvolvimento. Assim, a comparação entre as ferramentas utilizadas neste livro permite afirmar que a dimensão ecológica constitui elemento comum a qualquer ferramenta que procure medir o grau de sustentabilidade de um sistema. Muito embora a sua utilização de maneira isolada limite o alcance da ferramenta, é sem dúvida essa dimensão que determina fortemente o grau de sustentabilidade de um sistema. Um número maior de dimensões, ainda que possibilite um maior alcance da ferramenta, uma vez que considera mais elementos que constituem a complexa relação entre sociedade e meio ambiente, reduz significativamente a importância de cada uma delas dentro do sistema.

O problema efetivo de mensurar a sustentabilidade está relacionado à utilização de uma ferramenta, que capture toda a complexidade do desenvolvimento, sem reduzir a significância de cada um dos escopos utilizados no sistema. A multidimensionalidade do conceito remete à definição do "tipo ideal" de Max Weber, onde cada uma das dimensões auxilia na construção de um conceito, mas não o define isoladamente.

Outro desafio considerável é superar as limitações implícitas na utilização de metodologias predominantemente quantitativas. O conceito de desenvolvimento sustentável está relacionado a diferentes dimensões que não estão necessariamente associadas a grandezas físicas. As dimensões social e institucional são bons exemplos disso, pois, mesmo que seja possível associá-las a indicadores quantitativos, essa associação sofre limitações em função da própria variável que se procura observar. Nos últimos anos, diferentes sistemas vêm procurando trabalhar com a dimensão humana de uma forma qualitativa e essa abordagem quase sempre revela aspectos que são imperceptíveis numa análise quantitativa. O grande desafio quanto à utilização da abordagem qualitativa é conseguir formular ferramentas que não sacrifiquem as vantagens da utilização de sistemas de indicadores quantitativos, como, por exemplo, a comparabilidade no espaço e no tempo.

A interface das ferramentas é também um importante elemento dentro de um sistema de avaliação. A discussão teórica deste livro revela que a eficácia de uma ferramenta desse tipo está relacionada predominantemente à capacidade que possui de ampliar a consciência crítica dos atores envolvidos sobre a temática complexa do processo de desenvolvimento. A principal consequência da aplicação de um desses métodos evidencia-se efetivamente na mudança de comportamento decorrente de sucessivos processos de avaliação. Logo, a avaliação de indicadores de sustentabilidade pode ser complementada, a partir da percepção dos atores envolvidos, no que se refere à mudança de comportamento.

Também foi observado que a utilização de sistemas informatizados reduz a complexidade dos dados e dos métodos utilizados por diferentes sistemas de avaliação. Cabe dizer que a complexidade é inerente ao sistema; o que se procura é simplificar essa realidade pela agregação de dados, realizada normalmente a partir de modelos matemáticos. No caso das ferramentas abordadas neste livro, os dados são agregados utilizando-se escalas de performance ou pela transformação dos fluxos de matéria e energia em área apropriada e capacidade biofísica. A complexidade inerente ao método, quando se utilizam algoritmos de cálculo ou programas de computador, não é perdida — apenas reduzida. Essa simplificação traz à luz novamente a questão contemporânea do distanciamento entre a sociedade e o ambiente à sua volta.

Uma questão que ainda deve ser considerada, quando se aborda a temática relacionada à mensuração de sustentabilidade, é o método utilizado na seleção dos indicadores que devem ser empregados em determinada ferramenta. Na verdade, pode-se afirmar que o conceito implícito de desenvolvimento sustentável de uma ferramenta torna-se aparente por suas dimensões e seus indicadores. O tipo de abordagem predominante, em termos de participação, determina os atores envolvidos na escolha dos indicadores. Assim, qualquer sistema de avaliação reflete os valores ou crenças de determinados atores em relação à sustentabilidade e é importante verificar quais os sistemas utilizados na seleção desses indicadores e como eles vêm sendo utilizados.

Finalmente, a partir de todas as considerações tecidas neste capítulo e no livro como um todo, cabe sugerir alguns temas para futuras pesquisas. Elas podem ser agrupadas em dois campos: teórico e empírico.

No nível teórico poderiam ser conduzidos trabalhos que formulassem uma análise das diferentes ferramentas de avaliação a partir das dimensões do ambientalismo, utilizando por exemplo o esquema proposto por Pearce (1993) para elas. Também é necessário conhecer melhor as metodologias utilizadas atualmente para a seleção de indicadores e o papel de alguns conceitos importantes nesse processo de seleção como legitimidade, cultura e poder.

No nível empírico a agenda de pesquisas mostra-se particularmente extensa. Deve-se avaliar as ferramentas selecionadas, a partir das categorias de análise propostas, na percepção dos seus usuários. Ao mesmo tempo proceder análises comparativas das aplicações práticas existentes para verificar quais as consequências efetivas das diferenças conceituais entre os sistemas nos resultados de uma avaliação. As diferentes ferramentas devem ser avaliadas considerando diferentes indicadores com pesos diferenciados para verificar as conexões existentes entre esses elementos e o grau de sustentabilidade apresentado por um sistema. Observa-se também uma carência de estudos comparativos considerando o tempo e espaço de diferentes comunidades, para avaliação do grau de sustentabilidade do modelo de desenvolvimento.

Finalmente vale destacar que o conceito de desenvolvimento sustentável é relativamente novo e mais novo ainda é o esforço de criar sistemas que capturem essa nova maneira de entender o processo. Por isso, apesar do estágio inicial no desenvolvimento e aplicação de ferramentas de avaliação, é necessário cada vez mais aprofundar os conhecimentos nesse campo para que esses instrumentos se transformem efetivamente em ferramentas de suporte à decisão nas esferas social, pública e privada orientando realmente o processo de desenvolvimento para uma direção mais sustentável.

Referências bibliográficas

ANAND, Sudhir; SEN, Amartya. *Sustainable human development: concepts and priorities.* (Human Development Report Office Occasional Paper, 8.) New York: UNDP, 1994.

ARROW, K. et al. Economics growth, carrying capacity and the environment. *Science*, n. 268, p. 520-521, 1995.

BAKKES, J. A. et al. *An overview of environmental indicators: state of the art and perspectives.* Unep/EATR. 94-01; RIVM/402001001. Nairobi: Environmental Assessment Sub-Programme; Unep, 1994.

BALDARES, M. et al. *Desarrollo de un sistema de informacíon sobre indicadores de sostenibilidad para los sectores agrícola y de recursos naturales de los países de América Latina y el Caribe.* Report for the Inter-American Institute for Cooperation on Agriculture and Deutsche GTZ GMBH Project. University of Costa Rica. San José, Costa Rica, 1993.

BARONI, M. Ambiguidades e deficiências do conceito de sustentabilidade. *RAE*, São Paulo, v. 32, n. 2, p. 14-24, abr./jun. 1992.

BARTELMUS, P. *Towards a framework for indicators of sustainable development.* Working Paper series n. 7, Department of Economics and Social Information and Policy Analysis, ST/ESA/1994/WP. 7, New York: United Nations, 1994.

———. Indicators of sustainable growth and development — linkage integration and policy use. In: WORKSHOP ON INDICATORS OF SUSTAINABLE DEVELOPMENT, Wuppertal, Nov. 15-17, 1995.

BOSSEL, H. *Earth at a crossroads: paths to a sustainable future.* Cambridge: Cambridge University Press, 1998.

———. *Indicators for sustainable development: theory, method, applications: a report to the Balaton Group.* Winnipeg: IISD, 1999.

BRÜSEKE, Franz J. O problema do desenvolvimento sustentável. In: CAVALCANTI, C. (Org.). *Desenvolvimento e natureza: estudos para uma sociedade sustentável.* São Paulo: Cortez, 1995.

BUSINESS COUNCIL FOR SUSTAINABLE DEVELOPMENT. Achieving eco-efficiency in business. In: ANTWERP ECO-EFFICIENCY WORKSHOP, 2. Report of the World Business Council for Sustainable Development. Mar. 14-15, 1995, Antwerp. *Report of the World Business Council for Sustainable Development.* Antwerp, 1995.

CALLENBACH, E. et al. *Gerenciamento ecológico.* São Paulo: Cultrix, 1993.

CATTON, W. *Overshoot: the ecological basis of revolutionary change.* Urbana: University of Illinois Press, 1980.

―――. Carrying capacity and the limits to freedom. In: WORLD CONGRESS OF SOCIOLOGY, 11. New Dehli, India, Aug. 1986.

CAVALCANTI, C. (Org.). *Meio ambiente, desenvolvimento sustentável e políticas públicas.* São Paulo: Cortez, 1997.

CERVO, L. A.; BERVIAN, P. A. *Metodologia científica.* São Paulo: Makron Books, 1996.

CHAMBERS, N.; SIMMONS, C.; WACKERNAGEL, M. *Sharing nature's interest: ecological footprints as an indicator of sustainability.* London: Earthscan Publications Ltd., 2000.

CHEVALIER, S. et al. *User guide to 40 Community Health indicators.* Ottawa: Community Health Division, Health and Welfare Canada, 1992.

COBB, C.; COBB J. *The green national product.* Lanham: University of Americas Press, 1994.

―――; HALSTEAD, T.; ROWE J. If the GDP is up, why is America down? *The Atlantic Monthly.* p. 59-78, Oct. 1995.

COLEMAN, J. Human capital in the creation of social capital. *American Journal of Sociology,* v. 94, 1988. (Supplement S101)

CONWAY, G. *Helping poor farmers – A review of Foundation activities in farming systems and agroecosystems research and development.* New York: Ford Foundation, 1987.

COSTANZA, R.; *Ecological economics: the science and management of sustainability.* New York: Columbia Press, 1991.

―――; PATTEN, B. Defining and predicting sustainability. *Ecological Economics,* v. 15, n. 3, p. 193, 1995.

DAHL, Arthur L. The big picture: comprehensive approaches. In: MOLDAN, B.; BILHARZ, S. (Eds.). *Sustainability indicators: report of the project on indicators of sustainable development.* Chichester: John Wiley & Sons Ltd., 1997.

DALY, H. E. Steady-state economics: concepts, questions, policies. *Gaia*, n. 6, p. 333-338, 1992.

———. *For the common good: redirecting the economy toward community, the environment, and a sustainable future*. Boston: Beacon Press, 1994.

———; COBB, J. *For the common good: redirecting the economy towards community, the environment and sustainable future*. Boston: Beacon Press, 1989.

DEVELOPING ideas. Winnipeg: International Institute for Sustainable Development, 1997.

DPCSD. *Indicators of sustainable development, framework and methodologies*. New York: United Nations, Aug. 1996.

FACTOR 10 CLUB. *Carnaules declaration*. Carnaules, France, 1994.

FAO (FOOD AND AGRICULTURE ORGANIZATION OF THE UNITED NATIONS); UNITED NATIONS FUND FOR POPULATIONS ACTIVITIES; INTERNATIONAL INSTITUTE FOR APPLIED SYSTEMS ANALISYS. *Potential population supporting capacities of lands in the developing world*. Rome: FAO, 1982.

FEARNSIDE, P. M. Serviços ambientais como estratégia para o desenvolvimento sustentável na Amazônia rural. In: CAVALCANTI, C. (Org.). *Meio ambiente, desenvolvimento sustentável e políticas públicas*. São Paulo: Cortez, 1997.

FISCHER-KOWALSKY, M; HABERL, H.; Metabolism and colonization. Modes of production and the physical exchange between societies and nature. *Innovation in Social Science Research*, v. 6, n. 4, p. 415-442, 1993.

———; Tons, joules and money. Modes of production and their sustainability problems. *Society and Natural Resources*, v. 10, n. 2, p. 61-85, 1997.

——— et al. *Gesellschaftlicher Stoffwechsel und koloniesierung von Natur, Ein Versuch in Sozialer Ökologie*. Amsterdam: Gordon & Breach Fakultas, 1997.

GALLOPIN, G. C. Environmental and sustainability indicators and the concept of situational indicators. A system approach. *Environmental Modelling & Assessment*, n. 1, p. 101-117, 1996.

GOLDSMITH, E. et al. *Blueprint for survival*. Boston: Penguin, Harmondsworth & Houghton Mifflin, 1972.

GUIMARÃES, Roberto P. Desenvolvimento sustentável: da retórica à formulação de políticas públicas. In: BECKER, B. K.; MIRANDA, M. (Orgs.). *A geografia política do desenvolvimento sustentável*. Rio de Janeiro: UFRJ, 1997.

HAMMOND, A. et al. *Environmental indicators: a systematic approach to measuring and reporting on environmental policy performance in the context of sustainable development*. Washington, DC: World Resources Institut, 1995.

HARDI, P. *The dashboard of sustainability*. Winnipeg, 2000. (Working paper.)

———; BARG, S. *Measuring sustainable development: review of current practice*. Winnipeg: IISD, 1997.

———; ZDAN, T. J. *Assessing sustainable development: principles in practice*. Winnipeg: IISD, 1997.

———; ———. J. *The dashboard of sustainability*. Winnipeg: IISD, 2000.

HER MAJESTY'S STATIONERY OFFICE. *Sustainable development: The UK strategy*. 1994.

———. *Indicators of sustainable development for the United Kingdom*. 1996.

HINTERBERGER, F.; LUKS, F.; STEWEN, M. *Ökologishe Wirtschaftspolitik. Zwischen Ökodiktatur und Umweltkatastrophe*. Berlin: Birkhäuser, 1996.

HOBSBAWM, Eric. *A era dos extremos: o breve século XX — 1914-1991*. São Paulo: Schwarcz, 1996.

HOLLING, C. S. (Ed.). *Adaptative environmental assessment and management*. Chichester: John Wiley & Sons Ltd., 1978.

IUCN (INTERNATIONAL UNION FOR CONSERVATION OF NATURE AND NATURAL RESOURCES); Unep (UNITED NATIONS ENVIRONMENT PROGRAMME); WWF (WORLD WILDLIFE FOUND). *World conservation strategy: living resource conservation for sustainable development*. Gland, Switzerland & Nairobi, Kenya: IUCN, Unep, WWF, 1980.

JÄNICKE, M. Ökologische tragfähige entwicklung: kriterien und steuerungsansätze ökologischer ressourcenpolitik. In: HAMM, B. (Ed.). *Globales überleben*. Trier: Centre for European Studies, Univ. Trier, 1995.

JESINGHAUS, J. Indicators for Decision Making. European Comission, JRC/ISIS/MIA, TP 361, 1-21020 Ispra (VA), 1999. ms.

LAKATOS, E. M.; MARCONI, M. DE A. *Metodologia científica*. 2 ed., São Paulo: Atlas, 1995.

LÉLÉ, S. M. Sustainable development: a critical review. *World Development*, v. 19, n. 6, p. 607-621, 1991.

LIEDTKE, C.; MANSTEIN, C.; MERTEN, T. Mips. Resource management and sustainable development. In: ASM INTERNATIONAL CONFERENCE ON THE RECYCLING OF METALS, 1994, Amsterdam.

LÜDEKE, H. K. B.; PETSCHEL-HELD, G. Syndromes of global change: an information structure for sustainable development. In: MOLDAN, B.; BILHARZ, S. (Eds.). *Sustainability indicators: report of the project on indicators of sustainable development*. Chichester: John Wiley & Sons Ltd., 1997.

LUXEM, M.; BRYLD, B. The CSD work programme on indicators of sustainable development. In: MOLDAN, B.; BILHARZ, S. (Eds.). *Sustainability indicators: report of the project on indicators of sustainable development.* Chichester: John Wiley & Sons Ltd., 1997.

MACGILLIVRAY, A. Social development indicators. In: MOLDAN, B.; BILHARZ, S. (Eds.). *Sustainability indicators: report of the project on indicators of sustainable development.* Chichester: John Wiley & Sons Ltd., 1997.

MACNEILL, J.; WINSENIUS, P.; YAKUSHIJI, T. *Beyond interdependence.* New York: Oxford University Press, 1991.

MCKINLEY, T. Linking sustainability to human deprivations. In: MOLDAN, B.; BILHARZ, S. (Eds.). *Sustainability indicators: report of the project on indicators of sustainable development.* Chichester: John Wiley & Sons Ltd., 1997.

MCQUEEN, D.; NOAK, H. Health promotion indicators: current status, issues and problems. *Health Promotion,* n. 3, p. 117-125, 1988.

MEADOWS, D. *Indicators and informations systems for sustainable development.* Hartland Four Corners: The Sustainability Institute, 1988.

—————— et al. *The limits to growth.* London: Potomac, 1972.

MOLDAN, B.; BILHARZ, S. (Eds.). *Sustainability indicators: report of the project on indicators of sustainable development.* Chichester: John Wiley & Sons Ltd., 1997.

MUNASINGHE, M.; MCNEELY, J. Keys concepts and terminology of sustainable development. In: MUNASINGHE, Mohan; SHEARER, Walter (Eds.). *Defining and measuring sustainability: the biogeophysical foundations.* Washington, DC: The United Nations University & The World Bank, 1995.

NAESS, A. Ecology: the shallow and the deep. In: CAHN, M. A.; O'BRIEN, R. (Eds.). *Thinking about the environment — readings on politics, property and the physical world.* London: M.E. Sharpe, 1996.

NILSSON, J.; BERGSTRÖM, S. Indicators for the assessment of ecological and economic consequences of municipal policies for resource use. *Ecological Economics,* v. 14, n. 3, p. 175-184, 1995.

O'CONNOR, J. C. Measuring wealth and genuine saving. In: MOLDAN, B.; BILHARZ, S. (Eds.). *Sustainability indicators: report of the project on indicators of sustainable development.* Chichester: John Wiley & Sons Ltd., 1997.

OECD (ORGANIZATION FOR ECONOMIC COOPERATION AND DEVELOPMENT). *Organization for Economic Cooperation and Development: core set of indicators for environmental performance reviews; a synthesis report by the group on the state of the environment.* Paris: OECD, 1993.

PARKER, J. *Environmental reporting and environmental indices*. Thesis (PhD) — Churchill College, Cambridge, 1991.

PEARCE, D. et. al. *Environmental economics*. Baltimore: The Johns Hopkins University Press, 1993.

PRESCOTT-ALLEN, R. *Barometer of sustainability: measuring and communicating wellbeing and sustainable development*. Cambridge: IUCN, 1997.

———. *Assessing progress toward sustainability: the system assessment method illustrated by the wellbeing of nations*. Cambridge: IUCN, 1999.

———. *The wellbeing of nations: a country-by-country index of quality of life and the environment*. Washington, DC: Island Press, 2001.

PRONK, J.; UL HAQ, M. *Sustainable development: from concept to action. the Hague Report*. New York: United Nations Development Programme, 1992.

PUTNAM, R. *Bowling alone: democracy in America at the end of the twentieth century*. Cambridge, MA: Harvard University, 1994. ms.

ROBERT, K. H. et al. A compass for sustainable development. *Resource Magazine*, n. 170, 1995.

RUTHERFORD, I. Use of models to link indicators of sustainable development. In: MOLDAN, B.; BILHARZ, S. (Eds.). *Sustainability indicators: report of the project on indicators of sustainable development*. Chichester: John Wiley & Sons Ltd., 1997.

SACHS, I. Desenvolvimento sustentável, bioindustrialização descentralizada e novas configurações rural-urbanas. Os casos da Índia e do Brasil. In: VIEIRA, P. F.; WEBER, J. (Orgs). *Gestão de recursos naturais renováveis e desenvolvimento: novos desafios para a pesquisa ambiental*. São Paulo: Cortez, 1997.

SAMUELSON, P. A.; NORDHAUS, W. D. *Economics*. 14. ed. New York: McGraw-Hill, 1992.

SEN, Amartya. *Poverty and famines: an essay on entitlement and deprivation*. Oxford: Oxford University Press, 1982a.

———. *Choice, welfare and measurement*. Oxford: Basil Blackwell, 1982b.

———. *The standard of living*. Cambridge: Cambridge University Press, 1987.

SERAGELDIN, Ismail. *Sustainability and the wealth of nations: first steps in an ongoing journey*. Washington, DC: World Bank, 1996. (Enviromentally Sustainable Development Studies and Monograph Series)

———; STEER, A. Epilogue: expanding the capital stock. In: SERAGELDIN, Ismail; STEER, Andrew (Eds). *Making development sustainable: from concepts to action*. Washington, DC: World Bank, 1994. (Enviromentally Sustainable Development Occasional Papers)

TAYLOR, D. M. Disagreeing on the basics: environmental debates reflect competing worldviews. *Alternatives*, v. 18, n. 3, p. 26-33, 1992.

TUNSTALL, D. Developing environmental indicators: definitions, framework and issues. In: WORKSHOP ON GLOBAL ENVIRONMENTAL INDICATORS, Washington, DC, Dec. 7-8, 1992. Washington, DC: World Resources Institute, 1992.

———. Developing and using indicators of sustainable development in Africa: an overview. In: THEMATIC WORKSHOP ON INDICATORS OF SUSTAINABLE DEVELOPMENT, Banjul, Gambia, May 16-18, 1994.

TURNER, R. K.; PEARCE, D.; BATEMAN, I. *Environmental economics: an elementary introduction*. Baltimore: Johns Hopkins University Press, 1993.

UNEP-DPCSD. The role of indicators in decisions-making. In: INDICATORS OF SUSTAINABLE DEVELOPMENT FOR DECISION-MAKING WORKSHOP, 1995, Ghent, Belgium. *Proceedings*... 1995.

UNDP (UNITED NATIONS DEVELOPMENT PROGRAMME). *Human development report*. New York: Oxford University Press, 1990.

———. *Human development report*. New York: Oxford University Press, 1995.

UNITED NATIONS. *Report of the United Nations Conference on Environment and Development*. Rio de Janeiro, 1993.

———. *Work programme on indicators of sustainable development of the Commission on Sustainable Development*. Prepared by the Division for Sustainable Development in the Department for Policy Coordination and Sustainable Development, New York: United Nations, 1996a.

———. *Indicators of sustainable development: framework and methodologies*. New York: United Nations, 1996b.

———. *Global change and sustainable development: critical trends*. Economic and Social Council, Comission on Sustainable Development. E/CN. 17/1997/3, 1997.

VAN ESCH, S. *Theme and target group indicators for environmental policy*. Report n. 251 701 025, Nov. 1996.

VERGARA, S. C. *Projetos e relatórios de pesquisa em administração*. 2. ed. São Paulo: Atlas, 1998.

WACKERNAGEL, M.; REES, W. *Our ecological footprint*. Gabriola Island, BC and Stony Creek, CT: New Society Publishers, 1996.

——— et al. *Ecological footprints of nations: how much nature do they use? How much nature do they have?* Toronto: Earth Council for the Rio+5 Forum, 1997.

WALL R.; OSTERTAG, K.; BLOCK, N. *Synopsis of selected indicators systems for sustainable development. Report of the research project.* Karlsruhe: Frauenhofer Institute for Systems and Innovation Research, 1995.

WBGU (GERMAN ADVISORY COUNCIL IN GLOBAL CHANGE). *World in transition: the research challenge.* Berlin: Springer Verlag, 1996. Annual report 1996.

WCED (WORLD COMMISSION ON ENVIRONMENT AND DEVELOPMENT). *Our common future.* Oxford and New York: Oxford University Press, 1987.

WEIZSÄCKER, E. U.; LOVINS, A. B.; LOVINS, L. H. *Faktor vier.* München: Drömer Knaur, 1995.

WORLD BANK. *Five years after Rio: innovations in environmental policy.* Washington, DC: World Bank, 1997.

──────. *Monitoring environmental progress: a report on work progress.* Washington, DC: World Bank, 1995.

WORLD ECONOMIC FORUM. *Global Competitiveness Report 1997.* Geneva: WEF, 1997.

Anexo A

Questionário

Hans Michael van Bellen
Universität Dortmund-Germany/ Federal University
of Santa Catarina-Brazil
Fachbereich Chemietechnik
Lehrst. f. Thermische Verfahrenstechnik
Emil-Figge Str. 70
44227 — Dortmund
Germany
Phone: 0231 7552324
Fax: 0231 7553035
E-mail: vanbellen@tv.chemietechnik.uni-dortmund.de

Dortmund 18/04/2001

Dear,

My name is Hans Michael van Bellen, and I am a post-graduation student on Environment Management with the Federal University of Santa Catarina, Brazil. At the moment I am working on my PhD project at Dortmund University in Germany.

The research project I am carrying out concentrates on the comparative analyses of the methodologies for the evaluation of Sustainable Development. It is supported by the National Council for Scientific and Technological Development (CNPq), Brazil, and by the Deutsche Akademische Austauschdienst (DAAD), Germany, being part of a cooperational program between the Federal University of Santa Catarina in Brazil and Dortmund University in Germany, and it has been carried out in these Universities' premises.

The project's aim is purely academic and open, not induced, and its main goal, in a first stage, is to arrive to a general scenario displaying the sustainability evaluation methodologies that are most often mentioned within the different social spheres.

A research on published articles and participation in conferences referring to Sustainable Development brought your name to my attention, and that is the reason I am writing this letter to ask your important collaboration.

I would be grateful if you could tell me *what you regard today as the 5 most relevant and/or promising methodologies for the evaluation of sustainability. Considering any methodology, on any sustainability level (global, national, regional, local etc.), on any of the several sustainability dimensions, (economic, ecological, social, institutional etc.), and on any of the several sectors related to sustainability (transport, industry etc).*

I am sending attached below a list of methodologies very often mentioned, obtained thorough research on the subject, and only as an initial reference. You are free to suggest any methodology you consider relevant and/or promising for the purpose of sustainability evaluation.

This research is open, as I mentioned before, thus any extra observations or comments will be very welcome, and will only add to the project.

I will be much obliged if you could send me your reply via electronic mail, and as soon as possible. *(e mail: vanbellen@tv.chemietechnik.uni-dortmund.de)*

I am looking forward to hearing from you soon.

Yours sincerely

Hans Michael van Bellen

Some sustainability indicators project

PSR — *Pressure/State/Response* — OECD — Organization for Economic Co-operation and Development

DSR — *Driving-Force/State/Response* — UN — CSD — United Nations Commission on Sustainable Development

GPI — *Genuine Progress Indicator* — Cobb

HDI — *Human Development Index* — UNDP — United Nations Development Programme

Mips — *Material Input per Service* — Wuppertal Institut Germany

DS — *Dashboard of Sustainability* — International Institute for Sustainable Development — Canada

EFM — *Ecological Footprint Model* — Wackernagel and Rees

BS — *Barometer of Sustainability* — IUCN — Prescott-Allen

SBO — *System Basic Orientors* — Bossel — Kassel University

Wealth of Nations — World Bank

Seea — *System of Integrating Environment and Economic Accounting* — United Nations Statistical Division

NRTEE — *National Round Table on the Environment and Economy* — Human/Ecosystem Approach — Canada

PPI — *Policy Performance Indicator* — Holland

IWGSD — *Interagency Working Group on Sustainable Development Indicators* — U.S. President Council on Sustainable Development Indicator Set

EE — *Eco Efficiency* — WBCSD — World Business Council on Sustainable Development

SPI — *Sustainable Process Index* — Institute of Chemical Engineering — Graz University

EIP — *European Indices Project* — Eurostat

ESI — *Environmental Sustainability Index* — World Economic Forum

Anexo B

Relação dos especialistas entrevistados

Código do respondente	Organização	Tipo
A1	Dep. of International Relations and Center for Energy and Environmental Studies, Boston University	Edu
A2	Atkisson Associates, Accelerate Sustainable Development, Boston	Org
A3	World Resources Institute, Washington, DC	Org
A4	Business and Sustainability Group, <www.tellus.org>	Org
A5	Division of Environment Information and Assessment, Unep	Org
A6	Lawrence Berkeley National Laboratory, Environmental Energy Technologies Division, Berkeley	Edu
A7	Development and Data Division, Danish Environmental Protection Agency, Ministry of Environment and Energy, Copenhagen	Gov
B1	African Regional Centre for Computing, Kenya	Edu
B2	The Charles University, Prague	Edu
B3	Swedish Environmental Protection Agency, Environmental Assessment Department, Stockholm	Gov
C1	Storebrand Investments, Sweden	Com

Código do respondente	Organização	Tipo
C2	Corporate Social Responsibility, Norway	Org
C3	Ifen — Institut Français de l'Environnement	Gov
D1	U.S. Department of Interior	Gov
D2	IGC Internet – Institute for Global Communications, <www.igc.apc.org>	Org
D3	International Institute for Environment and Development	Org
D4	University of New Hampshire	Edu
D5	European Environment Agency	Gov
E1	Observatorio del Desarrollo, Universidad de Costa Rica	Edu
E2	Department of the Environment, Transport & Regions, Sustainable Development Unit, London, England	Gov
F1	Federal Environmental Agency, section I 1.5, National and international environmental reporting, Germany	Gov
G1	University for Peace — Natural Resources and Peace, Costa Rica	Edu
G2	Indicator Project, Bellagio Forum for Sustainable Development (BFSD); Energy and Environment Committee, Swedish Royal Academy of Engineering Sciences, Sweden	Org
H1	Center for Sustainable Systems, USA	Org
H2	European Commission, DG Environment A. 1. — Sustainable Development	Gov
H3	Kassel University, Germany	Edu
H4	Indicators for Sustainable Development, Swedish Environmental Protection Agency, Sweden	Gov
H5	University of Groningen, Holland	Edu
I1	Bundesministerium für Land- und Forstwirtschaft, Umwelt und Wasserwirtschaft, Abteilung II/4 U, Wien	Gov
I2	BFS/OFS, Section UW, Neuchâtel, Switzerland	Gov
J1	Central European University, Systems Laboratory, Hungary	Edu
J2	University of Edinburgh	Edu
J3	World Resources Institute, USA	Org
J4	National Indicator Network, Ministry of the Environment, Helsinki, Finland	Gov

continua

Código do respondente	Organização	Tipo
J5	Flanders Authority, Ministry of Infra-Structure	Gov
J6	Swiss Federal Institute for Environmental Science and Technology	Gov
J7	Joint Research Centre — European Comission	Org
J8	Department of the Environment, Transport & Regions, Sustainable Development, London, England	Gov
J9	Dep. Chem. & Proc. Engineering, University of Canterbury	Edu
J10	MIT System Dynamics Group	Edu
J11	University of Kassel, Germany	Edu
K1	Swedish Environmental Protection Agency, Sweden	Gov
L1	Rocky Mountain Institute	Org
L2	Marketing director, Storebrand Investments Sweden	Com
L3	Helsinki University of Technology, Department of Industrial Engineering and Management, Lahti Center	Edu
L4	International Institute for Sustainable Development, Winnipeg, Manitoba, Canada	Org
M1	Dutch Ministry of Environment	Gov
M2	ITT Flygt AB AG, Sweden	Com
M3	Ciat/United Nations Development Programme	Org
M4	European Commission, Senior Scientific Officer	Gov
M5	University of Maryland	Edu
M6	Bellagio Forum for Sustainable Development	Org
M7	Society for Sustainable Living in the Slovak Republic, Bratislava, Slovakia	Gov
M8	United Nations — Escap — Economic and Social Commission for Asia and the Pacific	Org
N1	Federal Planning Bureau — Belgium	Gov
N2	Tufts University, GDAE — Global Development and Environment Institute, USA	Edu
N3	Department of Policy Analysis, National Environmental Research Institute (Neri), Roskilde, Denmark	Gov
O1	Department for Pollution Control, Ministry of Environment, Norway	Gov

continua

Código do respondente	Organização	Tipo
P1	Wuppertal Institute, Germany,	Org
P2	European Environment Agency, Copenhagen	Gov
P3	International Institute for Sustainable Development, Winnipeg, Manitoba, Canada	Org
R1	United Nations Statistic Division	Org
R2	University of New Hampshire, Department of Economics	Edu
R3	University of Maryland, Center for Environmental Science	Edu
R4	Ciesin — Center for International Earth Science Network — Columbia University	Org
R5	Instituto Nacional de Ecología, México	Gov
R6	Eurostat, Luxembourg	Gov
S1	United Nations International Computing Centre	Org
S2	United Nations Development Programme	Org
S3	WWF — World Wide Fund for Nature	Org
S4	Wasy Gesellschaft für Wasserwirtschaftliche Planung und Systemforschung mbH, Germany	Org
S5	Jessie Smith Noyes Foundation, USA	Org
S6	School of Social Ecology and Lifelong Learning, University of Western Sydney, Australia	Edu
T1	Bellagio Forum for Sustainable Development	Org
U1	Finnish Environment Institute, Environmental Policy Instruments Division/Indicators of sustainable development	Gov
U2	Global Responsibility, Sweden	Com
U3	Environment and Economy Division, German Federal Ministry for the Environment, Nature Conservation and Nuclear Safety, Germany	Gov
V1	Faculty Office for the School of Economics and Commercial Law at Göteborg University, Sweden	Edu
W1	Technishe Universität Hamburg-Haarburg, Germany	Edu
W2	O Estado de S. Paulo/Agenda 21 Nacional, Brasil	Org

Obs.: Gov — organizações governamentais; Org — organizações não governamentais; Edu — instituições educacionais ou de pesquisa; Com — instituições privadas.

Anexo C

Dashboard of sustainability: índices e indicadores*

Dimensão social — <ind=S> Social

Equity

Social equity is one of the principal values underlying sustainable development, with people and their quality of life being recognized as a central issue. Equity involves the degree of fairness and inclusiveness with which resources are distributed, opportunities afforded, and decisions made. (CSD Methodology Sheet).

Poverty

<ind=S01> Population living below 1PPP$/day

The CSD Methodology Sheet states, "The most important purpose of a poverty measure is to enable poverty comparisons" and notes key branches of such comparisons. The RioJo dashboard follows the branch monitoring absolute poverty with the World Bank's preferred measure, percent of population living on less than US$1 a day in 1985 international or purchasing power parity (PPP) prices.

Since PPP rates were designed for comparing national accounts aggregates, not for international poverty comparisons; there is no certainty that this international poverty line measures the same degree of need or deprivation across countries, within different regions of one country, or across socio-

---

* Fonte: *help* do RioJo Dashboard, versão 5.0.

economic groups — all of which are important branches of poverty comparisons. To some extent all other indicators in the CSD Thematic Framework contribute to the other main branch, *relative* poverty comparisons, in addition to monitoring specific aspects of sustainable development.

The choice between income and consumption as welfare indicators is discussed in the CSD Methodology Sheet. Income is generally more difficult to measure; consumption accords better with the idea of the standard of living than does income, which can vary over time even if the standard of living does not. However, consumption data are not always available and when they are not there is little choice but to use income. Moreover, household survey questionnaires can differ widely, for example in the number of distinct categories of consumer goods they identify; survey quality varies and even similar surveys may not be strictly comparable. Since the World Bank is the only source for this indicator, coverage in the RioJo Dashboard reflects judgments by that institution's experts about use of income-based estimates.

Placeholders for OECD nations presume minimal (0%) rate.

Sources: World Bank SIMA and WDI online; Poverty monitoring, Deininger and Squire.

Time period coverage: Sporadic annuals, 1980-96.

Unit: Percent of population.

<ind=S02> Gini index

This measure of income or resource inequality, together with the indicator of per capita income, gives a sense of *relative* poverty. To promote consistency with the absolute measure, consumption-based estimates were preferred where income-based estimates were also available; cell-level comments flag use of the latter when the former are not available.

The sources consulted catalog major factors in assessing data quality, assign an overall score to each "point" estimate, and discard those compilers rate below their minimum standard for such estimates. Since the RioJo Dashboard offers range estimates (with parallel measures of data quality in its underlying database), it includes most estimates underlying sources rejected as point estimates.

In a few cases urban and rural estimates reported separately in noted sources have been combined using appropriate population weights.

Sources: UNU/UNDP Wider; World Bank Deininger and Squire.

Time period coverage: Sporadic annuals 1950-98.

Unit: Gini coefficient of inequality (higher numbers signify greater inequality).

<ind=S03> Unemployment

The CSD Methodology Sheet views unemployment as one of the main reasons for poverty in rich and medium income countries and among persons with high education in low income countries (no work, no income but compensation from insurance schemes or other welfare state systems whenever they exist). It should be noted, however, that it is common to find people working full-time but remaining poor due to the particular social conditions and type of industrial relations prevalent in their country, industry, or occupation.

It also notes that international comparability is a major problem with available data. To mitigate this problem, the RioJo Dashboard reports US BLS estimates approximating US standards if available. ILO estimates are given for most other countries defaulting to UN or World Bank and ultimately US CIA reports.

Sources: US Bureau of Labor Statistics; International Labour Organization, *The World Employment Report 2001*; US CIA Factbook; UN CDB and World Bank SIMA for some data-gaps.
Time period coverage: Annual 1950-2000.
Unit: Percent of labour force.

Gender equality

<ind=S04> Female wage gap

The CSD Methodology Sheet observes that "[T]he lower the ratio of wages offered to women, the less the attraction for women to join the labor force, which in turn deprives the economy of a vital component of development." Data are mainly from the UN's Common Data Base, which in turn draws on data from the International Labour Organization (ILO). Where possible, data refer to wages in manufacturing to minimize problems of international comparability. ILO sources are national labour force surveys, labour-related establishment surveys, collective agreements, industrial/commercial surveys, insurance records, industrial/commercial censuses, labour-related establishment censuses, or administrative reports. Reports may refer to earnings, wages, wage rates, or salaries; per hour, week, or month. Data may cover all employees, wage earners, or salaried employees. Finally, data may be based on Revision 3 or 2 of the International Standard Industrial Classification.

Sources: International Labour Organization Laborsta; UN CDB; US Bureau of Labor Statistics (for US, 2000).
Time period coverage: Annual 1970-2000.
Unit: Female wages in manufacturing as % of males.

Health

Nutrition status

<ind=S05> Underweight children

The CSD Methodology Sheet discusses weight-for-age (wasting) and height-for-age (stunting) but only the former is given in the RioJo Dashboard. It was the first anthropometrical measure in general use and the most currently reported.
Sources: Unicef's *Progress since the World Summit on Children: A statistical review,* and World Bank Sima and WDI online.
Time period coverage: Sporadic annuals, 1974-2000.
Unit: Percent of cohort (population under age five).

Mortality

<ind=S06> Child mortality

Under-5 mortality rate is the probability that a newborn baby will die before reaching age five. Since the construct is derived from demographic models, time period coverage depends on periodicity of modelling exercises. WHO has stated it will now update this indicator annually, with uncertainty intervals. The World Bank projects model results quinquennially to 2050.
Sources: WHO; World Bank Sima and WDI online.
Time period coverage: Sporadic annuals 1960-2000.
Unit: per 1,000 live births.

<ind=S07> Life expectancy at birth (years)

Life expectancy at birth indicates the number of years a newborn infant would live if prevailing patterns of mortality at the time of its birth were to stay the same throughout its life. Since the construct is derived from demographic models, time period coverage depends on periodicity of modelling exercises. The World Bank and US Bureau of Census project model results at least quinquennially to 2050.

WHO has introduced a refinement (healthy life expectancy or Hale) that deducts years of ill-health, weighted by severity, from the expected overall life expectancy. WHO has stated it will update both life expectancy and Hale annually, with uncertainty intervals.

Sources: WHO; World Bank Sima and WDI online, and US Bureau of Census IDB.

Time period coverage: Annual 1950-2030 based on demographic models; WHO has stated it will update this indicator annually, with uncertainty intervals.

Unit: Years

Sanitation

<ind=S08> Adequate sewage disposal

The CSD Methodology Sheet states, "In order to arrive at more robust estimates of sanitation coverage, two main data source types are required. First, administrative or infrastructure data which report on new and existing facilities. Second, population-based data derived from some form of national household survey." The two sources, basically providers and consumers respectively, can yield markedly different estimates. This is evident from the full set of reports Unicef gives online. Such differences were smoothed by regression equations for the joint WHO/Unicef assessment that is now the standard source for 1990 and 2000 estimates. It notes:

> The Assessment 2000 marks a shift from gathering provider-based information only to include also consumer-based information (...). The current approach aims to take a more accurate account of the actual use of facilities, and of initiatives to improve facilities taken by individuals and communities, which in some cases might not be included in official national water supply and sanitation statistics (...). A drawback of this approach is that household surveys are not conducted recurrently in many countries. Another problem is the lack of standard indicators and methodologies, which makes it difficult to compare information obtained from different surveys.

The RioJo database prefers data from that assessment but includes some additional early reports, given the Dashboard's focus on range estimates.

Sources: United Nations Children's Fund (Unicef), *Progress since the World Summit for Children: A statistical review*; World Health Organization (WHO) and Unicef, *Global water supply and sanitation assessment 2000 report*.

Time period coverage: 1990, 2000; sporadic earlier annuals in WHO HFA.

Unit: Percent of population.

Drinking water

<ind=S09> Access to piped water

The comments concerning access to sewage connections apply here as well.
Sources: United Nations Children's Fund (Unicef), *Progress since the World Summit for Children: A statistical review*; World Health Organization (WHO) and Unicef, *Global water supply and sanitation assessment 2000 report*.
Time period coverage: 1990, 2000; sporadic earlier annuals in WHO HFA (no longer online) and World Bank WDI CD-ROM
Unit: Percent of population

Healthcare delivery

<ind=S10> Access to primary health care facilities

The RioJo Dashboard reports the indicator specified in the CSD Methodology Sheet but it is uncurrent and probably discontinued. As the Sheet notes,

> The existence of a facility within reasonable distance is often used as a proxy for availability of health care. If the existing primary care facility, however, is not properly functioning, provides care of inadequate quality, is economically not affordable, and socially or culturally not acceptable, physical access has very little value as this facility is bypassed and not utilized. Therefore, the indicator must be supplemented by indicators of availability of services, quality of services, acceptability of services, affordability of services, or utilization of services.

WHO's new indicators of health system attainment and performance, in its *World health report 2000*, seem to remedy such problems. Its measure of responsiveness is probably the closest to a properly supplemented measure of access to primary health care facilities but its comprehensive indicator of health system attainment is also noteworthy.
Source: UNDP and WHO HFA database (no longer online).
Time period coverage: Sporadic annuals 1980-92.
Unit: Percent of population.

<ind=S11> Child immunization (DPT only)

Immunization rates are available individually for several diseases likely to occur during childhood without immunization. However, no synthetic indicator gauges full immunization. The World Health Organization's *WHO vac-*

cine preventable diseases: monitoring system: 2000 global summary reports time series on immunization coverage for: BCG (Bacille Calmette Guérin) vaccine, DTP3 (third dose of diphtheria toxoid, tetanus toxoid, and pertussis vaccine), HepB3 (third dose of hepatitis B vaccine); MCV (measles-containing vaccine), POL3 (third dose of polio vaccine), TT2plus (second and subsequent doses of tetanus toxoid), and YFV (yellow fever vaccine). The present exercise only considers coverage for DPT and relies primarily on WHO and defaults to World Bank DPT reports.

Sources: United Nations Children's Fund (Unicef), *Progress since the World Summit for Children: A statistical review*; World Bank Sima and WDI online.
Time period coverage: Annuals 1979-1999.
Unit: % of children under 12 months.

<ind=S12> Contraceptive prevalence

Contraceptive prevalence rate is the percentage of women who are practicing, or whose sexual partners are practicing, any form of contraception. It is usually measured for married women age 15-49 only.
Source: World Bank Sima and WDI online.
Time period coverage: Sporadic annuals.
Unit: % of women aged 15-49.

Education

Education level

<ind=S13> Persistence to grade 5, total

Persistence to grade 5 (percentage of cohort reaching grade 5) is the share of children enrolled in primary school who eventually reach grade 5. The estimate is based on the reconstructed cohort method.
Source: UN Economic and Social Council (Unesco), obtained via WB Sima.
Time period coverage: Annuals 1970-97.
Unit: % of cohort.

<ind=S14> Secondary schooling

The CSD Methodology Sheet states,

Data are usually collected during national population censuses, or during household surveys such as Labour Force Surveys. Official statistics exist for many countries in the world but are often out-of-date due to censuses taking place every ten years and late census data release.

The sheet refers to a Unesco online database but this indicator does not appear to be there. The RioJo database therefore defaults to data from a World Bank research project that only reports to 1990, supplemented by DHS estimates reported by Usaid. The two sources accord reasonably well for overlapping dates but differ significantly in a few cases (indicated in the Dashboard by "pop-up" notes). There are also a few instances where DHS estimates imply such large changes that expert review seems warranted.

Sources: World Bank, Barro & Lee; Usaid Global Education Database (GED).

Time period coverage: Quinquennially, 1960-90; sporadic annuals 1987-98.

Unit: Percent of adult population (25 and over).

Literacy

<ind=S15> Literacy rate, adults

The population aged 15 years and above who can both read and write with understanding a short simple statement on their everyday life. It has been observed that some countries apply definitions and criteria of literate (illiterate) which are different from the international standards or equate persons with no schooling as illiterates. Practices for identifying literates and illiterates during actual census enumeration may also vary, as well as errors in literacy self-declaration can also affect the reliability of literacy statistics.

Source: Unesco as given by Usaid Global Education Database (GED) and World Bank Sima.

Time period coverage: 1970-2005.

Unit: Percent of adult population (25 and over).

Housing

Living conditions

<ind=S16> Floor area in selected cities

The CSD Methodology Sheet states:

Alternative measures of crowding have been the subject of data collection and reporting in international statistical compendia. The two most common are persons per room and households per dwelling unit, each of which was included among data collected during the first phase of the Housing Indicators Programme (UNCHS, World Bank, 1992). Surveys have shown that floor area per person is more precise and policy-sensitive than the other two indicators.

This indicator is in the 1993 UN-Habitat database of global urban indicators but not the 1998 update; neither alternative is included in either database. Hence, the RioJo Dashboard reports available 1993 estimates as 1990 *and* carries them forward to 2000.
Sources: UN-Habitat database and WRI *World Resources 1998/99*.
Time period coverage: About 1993.
Units: Square meters per person.

Security

Crime

<ind=S17> Homicides

The CSD Methodology Sheet discusses number of reported crimes but warns:

> Definitions of what is or is not a crime may vary for different countries. So may readiness to report to the police, readiness to record by the police, methods of counting, accuracy and reliability of the recorded figures reported

The CGSDI initially complied the specified indicator but these problems clearly left results more noise than signal. For example, by this indicator Scandinavian nations are the most crime-ridden. As a less noisy measure the RioJo Dashboard reports homicides. It gives preference to WHO estimates of death by homicide as the most standardized measure available and fills gaps from sources noted below in descending preference order. No attempt has been made to harmonize these data sources, some of which report national estimates while others refer to one or a few cities.
Sources: WHO age-standardized death rates; International Crime Victim Survey; UNDP; UN-Habitat global urban indicators.
Time period coverage: Benchmarks only.
Unit: Per 100,000 of population.

Population

Population change

<ind=S18>Population growth

Population is based on the *de facto* definition of population, which counts all residents regardless of legal status or citizenship except for refugees not permanently settled in the country of asylum, who are generally considered part of the population of the country of origin.
Source: World Bank Sima and WDI online. [NB. Will redo based on new UN Pop Div]
Time period coverage: Annual from 1961.
Unit: Annual percent change.

<ind=S19> Urbanization

The CSD Thematic Framework envisages an indicator of population of urban formal and informal settlements here plus one on area of urban formal and informal settlements under environment; it describes each as "focusing on the legality of human settlements [to measure] the marginality of human living conditions." Since UN-Habitat gives some city estimates of population but not land area by tenure types, in practice only one such indicator is likely for the foreseeable future. On the other hand, the Framework does not seek an indicator of urbanization. The RioJo Dashboard therefore reports the share of urban in total population here and the available indicator of urban "marginality" under Environment.
Source: World Bank SIMA and WDI online. [NB. Will redo based on new UN Pop Div]
Time period coverage: Annual from 1961.
Unit: Percentage of the total population.

Dimensão ambiental — <ind=N> Nature

Atmosphere

Climate change

<ind=N01>

The CSD Methodology Sheet calls for a broad composite measure of anthropogenic emissions, less removal by sinks, of the greenhouse gases carbon dioxide (CO_2), methane (CH_4), nitrous oxide (N_2O), hydrofluorocarbons (HFCs), perfluorocarbons (PFCs), sulphur hexafluoride (SF_6), chlorofluorocarbons (CFCs) and hydrochlorofluorocarbons (HCFCs), together with the indirect greenhouse gases nitrogen oxides (NOx), carbon monoxide (CO) and non-methane volatile organic compounds (NMVOCs).

Such a measure is available only for parties to the UN Framework Convention on Climate Change but estimates of CO_2 emissions are available for most countries. Hence, the RioJo Dashboard reports separately on CO_2 emissions.

Greenhouse gases, CO_2 emissions from burning fuel — Carbon dioxide (CO_2) is the most prevalent of several gases associated with global warming; burning (consumption and flaring) of fossil fuels is the main anthropogenic (human) source of CO_2 emissions. More comprehensive estimates of greenhouse gases (GHG) submitted to the International Protocol on Climate Change (IPCC) by 37 industrialized nations suggest that CO_2 emissions from burning fuel account for three-quarters of GHG emissions excluding land-use change and forestry, areas in which removals of CO_2 (carbon-banking in biomass) often outweigh emissions.

Source: US Department of Energy International Energy Administration.
Time period coverage: Annuals 1980-99.
Unit: Metric tons of carbon equivalent per person.

<ind=N02>Greenhouse gases, other

Covers, for the 37 parties to the UN Framework Convention on Climate Change, aggregate emissions of CO_2 other than from burning fuel (see above), methane (CH_4), nitrous oxide (N_2O), hydrofluorocarbons (HFCs), perfluorocarbons (PFCs) and sulphur hexafluoride (SF), including CO_2 emissions/removals from land-use change and forestry. Data in gigagrams of CO_2 equivalent were divided by population multiplied by 1,000 to measure metric tons *per capita*. However, methodological differences between this source and US DOE reports on CO_2 mean the two measures of GHG emissions are not additive.

Source: UN Framework Convention on Climate Change.
Time period coverage: Annual 1990-98.
Unit: Metric tons per capita.

Ozone layer depletion

<ind=N03> Consumption of CFCs

The CSD Methodology Sheet calls for a measure for consumption of all ozone depleting substances and The Ozone Secretariat does report on Halons, etc., as well as chlorofluorocarbons (CFCs). However, data gaps, etc., in its separate reports complicate their summation, which was not attempted for the RioJo Dashboard. Since consumption by nations of the European Union is not given separately, the EU average is repeated for each of its members. In a few cases where consumption estimates are not given but production estimates are, the latter have been taken.

Source: The Ozone Secretariat.
Time period coverage: Annuals 1986-98.
Unit: ODP tons, i.e., metric tons × ozone depletion potential.

Air quality

<ind=N04> Air quality, urban TSP

Data on air pollution are based on reports from urban monitoring sites. Annual means (measured in micrograms per cubic meter) are average concentrations observed at these sites. Coverage is not comprehensive because, due to lack of resources or different priorities, not all cities have monitoring systems. For example, data are reported for just three cities in Africa but for more than 87 cities in China. Pollutant concentrations are sensitive to local conditions, and even in the same city different monitoring sites may register different concentrations. Thus these data should be considered only a general indication of air quality in each city, and cross-country comparisons should be made with caution. World Health Organization (WHO) annual mean guidelines for air quality standards are 90 micrograms per cubic meter for total suspended particulates (TSP), 50 micrograms per cubic meter for sulphur dioxide (SO_2), and 50 micrograms per cubic meter for nitrogen dioxide (NO_2).

Not all cities in the Gems system monitor all three pollutants (TSP, SO_2, NO_2); the sample of cities and thus of pollution measures varies by pollutant. Nor is there an internationally agreed method for synthesizing data on the three into a composite measure of air pollution. To at least provide some indication of where air quality is being monitored, TSP alone was considered for this exercise.

The Global Environmental Monitoring System's Gems/Air is the global collector of air quality indicators. Its data on TSP as given in the World Bank's world development indicators were used here, population-weighting cities in nations where more than one reports. This is not an internationally recognized technique but seemed preferable to discarding some or all Gems data.

For TSP, the results cover as little as 4% of urban population (Argentina) or as much as 94% (Singapore). Moreover, urban areas may cover as

little as 20% of a reporting nation's population (Thailand) or as much as 100% (Singapore).
Source: World Bank Sima and WDI online. [NB. To be updated based on US EPA's Airs (Aerometric Information Retrieval System), which covers US and 50 nations, in by mid-April]
Time period coverage: Benchmarks.
Unit: Micrograms per m^3.

Land

Agriculture

<ind=N05> Arable and permanent cropland

Arable land includes land defined by the FAO as land under temporary crops (double-cropped areas are counted once), temporary meadows for mowing or for pasture, land under market or kitchen gardens, and land temporarily fallow. Land abandoned as a result of shifting cultivation is not included.
Source: Faostat.
Time period coverage: Annual 1960-2000, projections to 2025.
Unit: Percent of total land area.

<ind=N06> Fertilizer consumption

The CSD Methodology Sheet observes:

> Environmental impacts caused by leaching and volatilization of fertilizer nutrients depend not only on the quantity applied, but also on the condition of the agro-ecosystem, cropping patterns, and on farm management practices. In addition, this indicator does not include organic fertilizer from manure and crop residues, or the application of fertilizers to grasslands. The indicator assumes even distribution of fertilizer on the land (...) A more relevant and sophisticated indicator would focus on *nutrient balance* to reflect both inputs and outputs associated with all agricultural practices. This would address the critical issue of surplus or deficiency of nutrients in the soil. This would need to be based on agro-ecological zones.

Such refinements require geographic information systems (GIS) that are very useful for subnational analyses yet rarely yield national indicators, the goal of the present exercise. While full discussion of "scale" problems is beyond this paper, what is relevant here is that distinct attributes, say of land, come into focus as scale (time and place) changes. Harmonizing information for decision-making on "nested" scales requires that indicators on each level consider attributes analyzed at others. As an example, without major changes in data collections, fertilizer consumption is here related to *harvested* rather than arable land, as specified in the CSD Methodology Sheet.

A case can be made for this change independent of scale problems. In addition to harvested area, arable land covers fallow and grasslands for fodder, neither of which is usually fertilized. Harvested land is a denominator more relevant to the numerator. Aggregating harvested land is complicated by multi-cropping, which was only crudely introduced to the present exercise (arable land set the upper limit for estimates based on crop-level data on area harvested). But issues like greater need for fertilizer with multi-cropping (and for fallow land when fertilizer use is low) and the influence of crop choice on fertilizer demand (high for rice, low for potatoes, etc.) are at the heart of decision-making about sustainable fertilizer consumption. Such decisions require subnational analysis but defining national indicators like intensity of fertilizer use with an eye on multi-level decision-making increases their effectiveness.

Source: Faostat with CGSDI synthesis of data on harvested area.
Time period coverage: Annual 1970-99.
Unit: 100 grams per hectare of harvested land.

<ind=N07> Use of pesticides

The CSD Methodology Sheet notes:

> pesticide supply-use data in metric tons are only available from international sources for selected countries and limited to the major types of pesticide. Some pesticide data are available for about 50-60 countries. The data are not regularly collected and reported, and not usually available on a sub-national basis.

Hence, while compilation is analogous to fertilizer consumption in principle, in practice it requires considerably more "tweezers" work. The RioJo Dashboard therefore did not attempt to go beyond spotty estimates of WRI and ESI.

Source: WRI table AF.2, "Agricultural land and inputs"; environmental sustainability index (ESI) via Ciesin.
Time Period Coverage: Benchmark.
Unit: Kilogram per hectare cropland.

Forests

<ind=N08> Forest area

The CSD Methodology Sheet observes: "Due to the definition used, the indicator covers a very diversified range of forests ranging from open tree savanna to very dense tropical forests." Yet it excludes areas of shrubs/trees and forest fallow that are over half of wooded areas in 40 and over a third for another 30 countries. Refinements in definition and measurement tools (e.g., better satellite images) have created breaks in time series on forest area that are often large relative to actual changes in forest area. Since the latest FAO Forest Resources Assessment (FRA) reports forest area for 1990 and 2000 it suffices for the RioJo Dashboard. However, FRA is a "rolling" comparison of a recent date with one decade or quinquennium earlier; considerable work will be required to indicate whether deforestation is slowing over time.
Source: FAO *State of the world's forests 2001*.
Time Period Coverage: 1990 plus FAO projections to 2000 based on most recent available data.
Unit: Percent of total based on reports in thousands of hectares.

<ind=N09>Wood harvest intensity

The CSD Methodology Sheet seeks estimates of total forest fellings as a percent of the net annual increment. Roundwood production, mentioned as a measure of total forest fellings, is reported annually by FAO but estimates of net annual increments were only found for European countries, for one date. The unweighted average net annual increment, as a percent of growing stock, was calculated from available national estimates, including those from a few country studies. This average (2.5%) was applied to estimates of the growing stock in cubic meters that the FAO reports for many countries for 2000 (and to 1990 estimates compiled by assuming the same cubic meters per hectare apply for FAO's 1990 estimates of forest area).
Source: FAO *State of the world's forests 2001*; Faostat; and "Forest resources of Europe according to TBFRA 2000" in Sweden's *Forestry Statistics Bulletin*.
Time period coverage: 1990, 2000.
Unit: Roundwood production (industrial roundwood plus fuelwood) divided by annual forest increment (estimated annual growth).

Desertification

<ind=N10> Deserts & arid land (about 1990)

Estimates of desertification are now available for OECD nations. For other nations, however, the nearest available national estimates are those

from a past edition of WRI's *World Resources Report* based on a Glasod/Soter benchmark, which only covered developing nations, i.e., OECD nations were excluded.
Source: Natural capital indicators for OECD countries; Grid.
Time Period Coverage: Benchmark.
Unit: Percent of land area.

Urbanization

<ind=N11> Informal urban settlement (squatters, etc.)

The CSD Methodology Sheet observes:

> The ephemeral nature and lack of an acceptable operational definition for this indicator limit its usefulness, especially for trend analysis. The legal framework for settlements on which this indicator is based varies from country to country. Informal housing is not registered in official statistics, any measure of informal settlements remains limited. Information may be obtained from specific research studies, but it is difficult to obtain and may be of variable quality. Homelessness, which is one of the extreme symptoms of human settlements inadequacy, is not accounted for by this indicator and in fact the existence of illegal settlements may reduce the incidence of homelessness. This indicator does not cover informal settlements in rural areas.

UN-Habitat, identified as the lead agency for this indicator, reports city-level data on tenure type for population but not area. The RioJo Dashboard distils these into (unweighted) averages for a country's reporting cities of those living as squatters or under "other" tenancy conditions, as a percent of total city population.
Source: UN-Habitat.
Time period coverage: 1993, 1998.
Unit: Percent of population in selected cities.

Ocean, seas and coasts

Coastal zone

<ind=N12> Phosphorous concentration in urban water

The CSD Methodology Sheet envisages an indicator of algal concentrations in coastal zones, which may be feasible by digesting numerous case

studies listed by Unep, the lead agency for this indicator. Since they are not online, however, this is beyond the scope of the RioJo Dashboard. ESI's measure of phosphorous in urban water has been used as a placeholder with country estimates. An alternative placeholder on eutrophication of natural ecosystems, with 1992 estimates and projections beyond 2000, is by Lex Bouwman and Detlef van Vuuren, Unep/RIVM, but as averages for 16 regions of the world rather than individual countries.
Source: Environmental Sustainability Index (ESI) via Ciesin.
Time period coverage: Benchmark.
Unit: mg/liter.

<ind=N13> Population in coastal zones

Percent of population living within 100 kilometers of a coast.
Source: *World Resources Report 2000-01*, World Resources Institute.
Time period coverage: Benchmark.
Unit: Percentage of the total population.

Fisheries

<ind=N14> Aquaculture % fish prod

The CSD Methodology Sheet seeks an indicator relating annual catch by major species to spawning stock biomass (SSB) if possible and, if not, to maximum catch based on five-year running means. Since SSB refers to transnational areas, it can't give denominators for nation-level indicators, the focus of the RioJo Dashboard, apart from limited availability of SSB estimates. FAO's Fishstats permits 1990 and 1999 catches to be related to peak year, by major species and country of landings, but that implies a family of indicators (one for each species in each country of landing), while a single indicator is required for the RioJo Dashboard.

One solution is to relate each country's total catch, of all species, to a historical peak catch. However, total catch is a notoriously misleading indicator precisely because species differ markedly in qualitative terms, whether quality is defined as money values, nearness of catch to maximum sustainable yield, or any attribute other than raw tonnage. While such an indicator was compiled, the result seemed to confirm this problem.

As an alternative, the RioJo Dashboard reports aquaculture's share in a country's total catch. FAO notes that aquaculture entails "some sort of intervention in the rearing process to enhance production, such as regular stocking, feeding, protection from predators, etc." and "implies individual or corporate ownership of the stock being cultivated."

Source: FAO Fishstats.
Time period coverage: Annuals 1950-1999.
Unit: Percent of total fish catch.

Fresh water

Water quantity

<ind=N15>Use of renewable water resources

The CSD Methodology Sheet seeks the "total annual volume of ground and surface water abstracted for water uses as a percentage of the total annually renewable volume of freshwater." The denominator (renewable volume) is from hydrological models, while the numerator (use) is from household surveys, censuses, etc. Unless a "water balance" model harmonizes the two, the ratio is often misleading. Such modelling is in its infancy and key parameters (e.g., national average use of water in irrigation) need further expert review. Indeed, International Water Management Institute Podium studies, which provide most data for this RioJo indicator, began to foster such review. However, early IWMI studies (see sources) "show to what extent freshwater resources are already used, and the need for adjusted supply and demand management policy," the indicator goal in the CSD Methodology Sheet.

While WRI reports the specified denominator, IWMI suggests a refinement, *potentially utilizable* water resources (PUWR), to exclude rainfall that cannot be stored with "technically, socially, environmentally, and economically feasible water development programs." Ideally, both would be monitored over time to show natural changes in renewable volume (e.g., variable rainfall) and human-induced shifts in PUWR (as technology and price structures vary). In practice one must choose between two benchmarks. The RioJo Dashboard favors the refinement,[3] since IWMI shows it helps distinguish between physical and economic water scarcity, a key issue in management policy choices.

IWMI also refines WRI benchmarks on water use by sector to calibrate scenarios for policy responses to rising demand over time. IWMI first gave 1990 as its benchmark date but moved to 1995, always projecting results to 2025. The initial study gave country projections in two scenarios, business-as-usual or more efficient use of water for irrigation; further studies only the latter.

---

[3] For 13 countries where WRI reports annual renewable water resources (AWR) but IWMI does not give PUWR, Dashboard estimates it as 60% of AWR, the norm in the initial IWMI study.

First results were used for the RioJo Dashboard given its focus on 1990 and 2000, projecting 1990 to 2000 by business-as-usual growth. For countries only in recent studies (from the former USSR), 1995 estimates of water use were projected to 2000 and back to 1990 with their assumption of more efficient irrigation.

Sources: International Water Management Institute, *Water for rural development* (2001), *World water demand and supply* (1998), and *World water supply and demand* (2000); WRI.
Time period coverage: 1990-2025.
Unit: Percent of potentially utilizable water resources.

Water quality

<ind=N16> Water, organic pollutant (BOD) emissions

The CSD Methodology Sheet envisages use of Gems/Water data but these are currently too limited to use except as a last resort (the case, for example, with faecal coliform). In this case the World Bank provides an alternative by modelling emissions per worker, or total emissions of organic water pollutants divided by the number of industrial workers. Organic water pollutants are measured by biochemical oxygen demand, which refers to the amount of oxygen that bacteria in water will consume in breaking down waste. This is a standard water-treatment test for the presence of organic pollutants.

Source: World Bank Sima and WDI online.
Time period coverage: Annuals 1980-98.
Unit: Kilogram per day per worker.

<ind=N17> Faecal coliform in freshwater

As Gems/Water, the only international source for this indicator, notes,

> Detection of all potential waterborne pathogens is difficult; therefore most water quality surveys use various indicators of faecal contaminations such as total coliforms and faecal coliforms. Bacterial counts, expressed in number per 100 ml, may vary over several orders of magnitude at a given station. They are the most variable of water quality measurements.

Distilling fine grain information into a national indicator, never easy, is also exceptionally complicated for faecal coliform in freshwater. Beyond questions of how water quality monitoring stations are located (influence of population distribution, "hot spots," etc.), only a modest subset report on faecal coliform and few of those monitor faecal coliform regularly enough for a distillate to appear in all three online Gems/Water multi-year reports. Finally, as the most current report ends in 1996, all RioJo Dashboard estimates for 2000 are carry-forwards at least from then and often from about 1990.

The RioJo Dashboard covers 41 countries that gave coliform counts for at least one station in at least one online report. If two or more stations report, the simple average of means for their coliform counts is given. (Pop-up notes flag those with few reporting stations.) Since conditions around stations tend to differ significantly, sporadic reporting yields misleading averages without gap-filling. Hence, simple extrapolation and interpolation routines were used before computing averages.

Source: GEMS/Water
Time period coverage: Multi-annuals 1989/90, 1991-93, and 1994-96.
Unit: number per 100 milliliters.

Biodiversity

Ecosystem

<ind=N18> Selected key ecosystems (IUCN categories I-III as % I-VI)

The CSD Thematic Framework states:

> The principal data needed for this indicator are land cover data to which an agreed ecosystem classification has been applied. Agreement on the classification will depend upon consensus on key ecosystem types and on the type and quality of raw remotely sensed or other primary data. Supplementary data on distribution of key species, priority areas for biodiversity conservation, distribution of human population and infrastructure as well as protected areas could also be useful.

The database that comes closest to this is WCMC/Unep's prototype list of protected areas classified by IUCN category, which includes a crude geolocator (longitude and latitude, presumably the center of the reported area) and date of entry into protected status. As a placeholder for the RioJo Dashboard, this database was converted into country time series, and areas in categories I-III were "selected" and expressed as a percent of all IUCN designated areas. This assumes some subset of such "high-status" areas will be selected as experts elaborate the methodology for this innovative indicator.

Source: WCMC/Unep Nationally Designated Protected Areas Database. It should be emphasized that this a prototype. About a dozen typographical errors were discovered (and communicated to WCMC/Unep) while distilling its data for the RioJo Dashboard and there may be others.

Time period coverage: Annual to 1998 (areas entering protection at unspecified dates were assumed to be so prior to 1990).

Unit: Percent of total land area as reported by FAO.

<ind=N19> Protected areas as % of total land

This measure relates areas reported in the WCMC/Unep prototype database on protected areas (see above), except marine areas (by designation or because they are reefs or aquatic reserves), to land area reported by FAO. It differs from the usual measure reported by WRI because it includes IUCN category VI. This final category covers managed resource protected area, i.e., area managed mainly for the sustainable use of natural ecosystems or containing predominantly unmodified natural systems, managed to ensure long-term protection and maintenance of biological diversity, while providing at the same time a sustainable flow of natural products and services to meet community needs.

The WRI measure omits category VI because it overlaps areas protected as part of global agreements (biosphere reserves, world heritage sites, and wetlands of international importance), on which it reports separately. Since the CSD Thematic Framework specifies only one indicator, the sum of all IUCN categories has been used for the RioJo Dashboard, as a percent of total land area. Marine areas are excluded since most are outside the land area used as a denominator and can be relatively large (e.g., the Great Barrier Reef for Australia).

Source: WCMC/Unep Nationally Designated Protected Areas Database. It should be emphasized that this a prototype. About a dozen typographical errors were discovered (and communicated to WCMC/Unep) while distilling its data for the RioJo Dashboard and there may be others.

Time period coverage: Annual to 1998 (areas entering protection at unspecified dates were assumed to be so prior to 1990).

Unit: Percent of total land area as reported by FAO.

Species

<ind=N20> Known mammal & bird species

WRI, the source for this indicator, says:

Number of species per 10,000 km² provides a relative estimate for comparing numbers of species among countries of differing size. Because the relationship between area and species number is non-linear (i.e., as the area sampled increases, the number of new species located decreases), a species-area curve has been used to standardize these species numbers. The curve predicts how many species a country would have, given its current number of species, if it was a uniform 10,000 square kilometers in size. This number is calculated using the formula: $S = cAz$, where S = the number of species, A = area, and c and z are constants. The slope of the species-area curve is determined by the constant z, which is approximately 0.33 for large areas containing many habitats. This constant is based on data from previous studies of species-area relationships. In reality, the constant z would differ among regions and countries, because of differences in species' range size (which tend to be smaller in the tropics) and differences in varieties of habitats present. A tropical country with a broad variety of habitats would be expected to have a steeper species-area curve than a temperate, homogenous country because one would predict a greater number of species per unit area. Species-area curves also are steeper for islands than for mainland countries. At present, there are insufficient regional data to estimate separate slopes for each country.

The same source also reports number of species of amphibians and plants per 10,000 km² and number of species of fresh water fish. These are excluded from the indicator used for this exercise.

Source: WRI *World Resources Report 2000-01* Table BI.2, "Globally threatened species: mammals, birds, and reptiles," which relies on World Conservation Monitoring Centre; IUCN-The World Conservation Union; Food and Agriculture Organization of the United Nations, and other sources
Time period coverage: Most recent estimate in 1990s.
Unit: Species per 10,000 square kilometers.

Dimensão econômica — <ind=E> Economic

Economic structure

Economic Performance

<ind=E01> Income per capita

The CSD Methodology Sheet specifies GDP per capita but notes it is defined three ways: by production, income, and expenditure ($P = I = E$). It states: "The indicator has no serious limitations in terms of data availability. The principal data elements for a majority of countries are mostly and regularly available from national and international sources on a historical basis."

Since $P = I = E$ defines the "principal data elements" of national accounts, failure to complete and reconcile the three is a "serious limitation in terms of data availability." In practice this is especially true for GDP as an income measure, its common role in development decision-making. Only a handful of countries beyond the OECD fully estimate GDP; partial data available for most countries are open to interpretation and lead to a variety of measures that arguably accord with the CSD Methodology Sheet.

The methodology sheet notes "real" and purchasing power parity variants but prefers current price data converted at prevailing US dollar rates. The RioJo Dashboard follows that preference except that 1990 results are scaled up by 24% (US inflation over the decade) so the pooling of 1990 and 2000 that sets dashboard ranges involves comparable dollars. Strictly speaking, the result is a set of "real" estimates but with the variability of current price estimates.

The UNMBS approach to current price estimates seems the sheet's preference and is available for most countries but frequently reports implausibly wide gyrations between 1990 and 1998 (its most recent data). The World Bank's *Atlas* method vitiates such swings and is more current but only has 1990-2000 estimates for two-thirds of countries in the RioJo Dashboard. Hence, a hybrid was used for the dashboard. As detailed in the final section, it began with a review of $P = I = E$ in national currency that guided choice of conversion factors for US dollar estimates.

Source: UNMBS; World Bank Sima and WDI online.
Time period coverage: 1950-2000, projections to 2025.
Unit: US$ of 2000 (e.g., 1990 data "inflated" by 1990-2000 change in US GNP deflator).

<ind=E02> Investment

Where possible, data refer to gross domestic investment, i.e., the sum of gross fixed capital formation and changes in inventories. For a number of countries, however, estimates of the latter are not available or relate only to changes in livestock and most changes in inventories are subsumed in residual estimates of private consumption.

Source: World Bank Sima and WDI online.
Time period coverage: 1950-2000 plus projections.
Unit: percent of GDP.

Trade

<ind=E03> Current account balance

The CSD Methodology Sheet states: "The balance of trade in goods and services is defined in the 1993 SNA, and partly in the International Trade Statistics." In fact, there are three types of data sources (foreign trade, balance of payments, and national accounts) that are reconciled conceptually but often yield quite different country measures. The slightly broader indicator from the balance of payments, current account balance (CAB), has been taken for the RioJo Dashboard for practical reasons, with gap filling from the other sources.

CAB covers current transfers as well as net exports of goods, services, and income. In theory the sum of CABs for all countries (plus supranational organizations) is zero; in practice it can be large and highly variable. The size of such unrecorded "net errors and omissions" suggests the margin of error in country-level CABs.

Sources: IMF balance of payments statistics; World Bank SIMA and WDI online.
Time period coverage: Annual 1970-2000.
Unit: % of GDP.

Financial status

<ind=E04> External debt

The CSD Methodology Sheet states:

> The principal sources of the information for the long-term external debt indicator are reports from member countries to the World Bank through the Debtor Reporting System (DRS). These countries have received either IBRD loans or IDA credits (...). A total of 137 individual countries report to the World Bank's DRS.

The RioJo Dashboard uses DRS data where available and relies on other sources for countries that are not IBRD/IDA borrowers. Where possible such additions are based on official reports of a nation's international investment position, preferably as reported in IMF Balance of Payments Statistics (Bops). Failing that, government external debt data from the IMF's International Financial Statistics have been used (with conversion to US dollars).

Exceptionally, US data are as reported in Federal Reserve Board's Flow of Funds report on rest of world holdings of US government securities. Since the US dollar is the world's main reserve currency, the portion of such

securities held abroad might change without any specific intention on the part of the US government to borrow from or repay nonresidents. To a lesser extent, the same can be said of other reserve currency countries (in Europe and Japan).
    Sources: World Bank SIMA and WDI online; IMF.
    Time period coverage: Annuals 1970-2000.
    Unit: percent of GDP.

<ind=E05> Aid given or received (% GNP)

Official development assistance and net official aid record the actual international transfer by the donor of financial resources or of goods or services valued at the cost to the donor, less any repayments of loan principal during the same period. Aid-dependency ratios are computed using values in US dollars converted at official exchange rates.
    Sources: World Bank Data Query for recipients; OECD reports for donors.
    Time period coverage: Annuals 1970-2000.
    Unit: percent of GDP.

Consumption and production patterns

Material consumption

<ind=E06>Direct material input

The CSD Methodology Sheet limits intensity of material use to national consumption of metals and minerals in metric tons (divided by GDP). Unctad is the lead agency for this indicator but its website does not offer data specified nor estimates of national consumption of some 20 commodities per unit of GDP mentioned in the sheet. WRI and the Wuppertal Institute offer a suite of material use indicators with a metals and minerals subset but only for some OECD countries. The placeholder in the RioJo Dashboard refers to what they call direct material input (DMI), limited to key metals and minerals but calculable for most countries with defined, actionable imperfections discussed here.

DMI measures supply (domestic extractions + imports) = demand (national consumption + exports + net addition to stocks or NAS). DMI is easier to measure than consumption because data on NAS are sparse. International comparison of DMI entails double-counting trade in metals and minerals but this may be analytically preferable since it implies producer and consumer nations share benefits and costs of international trade in materials, which vary with the definition of extraction — with consequences for defining NAS.

WRI and Wuppertal Institute estimate "hidden flows" of ore "lifted" from the ground (extraction) that is not profitable to refine at prevailing prices and refining costs (production). Ore extracted but not counted as production (including post-refinement residuals) accumulates; it may be called overburden to emphasize costs like acid producing potential, or tailings to emphasize benefits like profitability in richer tailings if prices for refinery products rise relative to refining costs. In practice all lifted ore enters NAS regardless of quality and the portion that can be refined profitably, regardless of when and where lifted, moves from NAS to refineries. Mining companies that lift and refine at the same site monitor the process from extraction to refinement and quantity and quality of tailings; lift-only sites monitor extraction and tailings; separate refineries monitor refined product and residuals. Most reporting simplifies the process by focusing on refinery output from domestic extraction +/– NAS.

Since refineries may process imported ore, their output is not solely from domestic extraction +/– NAS. Customs reports on exports and imports of metals and minerals don't identify crude ore by whether it comes from current extraction or tailings and may commingle crude and semi-refined products. Again, reporting is usually simplified down to refined content with estimates for crude ore shipped. It is thus possible for exports to exceed extractions (drawing down tailings) or be a fraction of extractions even if crude ore is shipped and NAS is zero (if export quantity is estimated refined content, while extractions refer to actual tonnage lifted). DMI is a more robust indicator than consumption of metals and minerals because it minimizes such accounting problems.

Even if the numerator properly accounted for metals and minerals in terms of refined content it would give a distorted view of the material intensity of economic activity. A country deriving most of its value added (GDP) from mining and exporting all it extracts would be shown as having low material intensity of GDP. This is as misleading as indicating low material intensity in countries that depend almost entirely on imported metals and minerals. The problem is failure to view GDP in terms of the $P = I = E$ tautology. GDP in both countries of extraction and consumption depends on the same material flow although it is hard to trace in the latter since it involves intermediate consumption, netted out in calculating GDP. DMI is a more analytically useful indicator than consumption of metals and minerals because it is equally meaningful in countries of extraction and consumption.

While the CSD Methodology Sheet seeks a measure whose numerator is in physical terms, practical and analytic reasons led to use of a value measure in the RioJo Dashboard. On the practical side, differences between volume and weight measures can be significant; Unctad's online reports on trade in metals and minerals are only in value terms. And since the denominator is in money terms, there is a gain in analytic clarity from expressing the numerator in similar terms.

DMI in money terms focuses attention on pricing issues, like whether mining companies have internalized costs and benefits of "hidden" flows (e.g., costs of neutralizing acid producing potential of tailings, lowering value added). For this exercise, world prices of key metals and minerals from the World Bank source for quantities were used in valuing DMI.

Sources: World Bank genuine saving; Unctad world exports and imports of minerals and metals.
Time period coverage: Annual 1990-99.
Unit: Percent of GDP.

Energy use

<ind=E07> Commercial energy use

Commercial energy use refers to apparent consumption, which is equal to indigenous production plus imports and stock changes, minus exports and fuels supplied to ships and aircraft engaged in international transportation.
Source: US DOE Energy Information Administration.
Time Period Coverage: Annual 1970-2000.
Unit: Kilogram of oil equivalent per capita.

<ind=E08> Renewable energy resources

Renewable energy production and renewable energy consumption from all renewable sources show the total energy produced and consumed, respectively, from renewable energy sources. The totals include hydroelectric power, wind, solar, wave and tidal, geothermal, and combustible renewables and waste. Consumption in this table is equal to total primary energy supply (TPES), as in data table ERC.2. Please see the notes to that data table for more information on TPES. Renewable sources as a percent of total consumption from all sources is the percentage of each country's total energy consumption supplied from renewables and waste.
Source: WRI table ERC.4, "Energy from renewable sources";
Unit: Percent of total energy consumption.
Time period coverage: Most recent estimates.

\<ind=E09\> Energy intensity of GDP

GDP per unit of energy use is the US dollar estimate of real GDP (at 1995 prices) per kilogram of oil equivalent of commercial energy use. Commercial energy use refers to apparent consumption, which is equal to indigenous production plus imports and stock changes, minus exports and fuels supplied to ships and aircraft engaged in international transportation.
Source: US DOE Energy Information Administration.
Time period coverage: Annual from 1960.
Unit: Kilogram of oil equivalent per dollar of GDP.

Waste generation and management

\<ind=E10\> Adequate solid waste disposal

While the CSD Thematic Framework calls for a measure of municipal *and* industrial waste, the lead agency for this indicator (UN-Habitat) only reports city-level data on percent distribution of municipal waste disposal by process. The RioJo Dashboard distils these into (unweighted) averages for a country's reporting cities of forms considered adequate (recycling, sanitary landfill, and incineration) for this exercise; open dumps, open burning, and "other" disposal are inadequate forms.

UN-Habitat reports refer to two surveys (1993, 1998) presented as 1990 and 2000, respectively, in the RioJo Dashboard. Hence, trends between the two surveys refer at best to half the intended time. If a country surveyed some city in 1993 but not 1998, RioJo Dashboard's standard for use of carry-forward means it shows the single (1993) report as both 1990 and 2000. Cell-level comments flag where only one or two cities participated in the surveys and simple use of this carry-forward standard.

Where surveys cover different cities in 1993 and 1998, a more complex carry-forward is required to minimize noise in inter-temporal comparisons. Assuming differences are greater across surveyed cities than over time, the pool of cities for a country is gap-filled by carrying back 1998 estimates as well as carrying 1993 cities forward. Conceptually, country results should be population-weighted averages of city surveys. However, this presumes survey respondents are a representative sample of a country's cities while a cursory review suggests surveys are skewed toward most populous cities. Use of an unweighted average of respondents minimizes this bias by assigning greater relative weight to less populous cities.
Source: UN-Habitat database.
Time period coverage: 1993, 1998.
Unit: Percent of total waste disposal.

<ind=E11> Hazardous waste generated

The CSD Methodology Sheet identifies the Secretariat to the Basel Convention as lead agency and specifies presentation either in tons or tons per unit of GDP. Online reports by the secretariat, in metric tons, are expressed in grams per US$ of GNP as estimated for this exercise, where available. In a few cases, flagged by pop-up notes in the dashboard, the numerator is from 1998 reports to the secretariat and refers to hazardous and other waste; or from UNDP reports which may also refer to this broader category. Available data referring to 1990 are too sparse to report.

Sources: Basel Convention Country Fact Sheets; European Environmental Agency on Hazardous Waste; UNDP.
Time period coverage: Most recent estimate.
Unit: Grams per US$ GDP.

<ind=E12> Nuclear waste generated

UNDP included estimates of nuclear waste in its *Human Development Reports* through the 2000 edition but dropped them from its latest edition. The only indicator now available seems to be the one in the *Environmental Sustainability Index 2002*. That source explains this index component as follows:

> Two variables were initially available for Radioactive Waste: Accumulated Quantity (cubic meters) as generated and Accumulated Quantity (cubic meters) after treatment. We calculated the z-scores for the two variables, in order to make them comparable, and took the one available for each country. For the three countries (Australia, Canada and Czech Republic) which had both variables, we took the higher.

Source: Environmental sustainability index 2002 (ESI) via Ciesin.
Time period coverage: Benchmark.
Unit: Z-scores (Value of variable minus mean of the variable, divided by standard deviation).

<ind=E13> Waste recycling (as % of waste disposal)

See "Adequate solid waste disposal" for data sources and methods.
Source: UN-Habitat database.
Time period coverage: 1993, 1998.
Unit: Percent of total waste disposal.

Transportation

<ind=E14> Private motoring to work

The CSD Methodology Sheet seeks "The number of kilometres travelled per person in a given year by different modes of transport," implying one indicator for each mode of transport. While city-level data from UN-Habitat do not give distances traveled, they do indicate the relative importance in travel to work of four modes of transport: private motorized, trams/trains, bus/minibus, and an "other" category including walking and bicycling. See "Adequate solid waste disposal" for more on data sources and methods.
Source: UN-Habitat database.
Time period coverage: 1993, 1998.
Unit: Percent work trips.

Dimensão institucional — <ind=I> Institutional

Institutional framework

Strategic implementation of sustainable development

<ind=I01> Strategic implement of SD (plans, etc.)

The CSD Methodology Sheet seeks a qualitative assessment that begins with whether a country has a national sustainable development strategy (yes/no) and, if so, considers whether the strategy is being implemented and the degree of its effectiveness. Scoring might be systematized by distilling word-oriented or qualitative documents, presumably national assessment reports for the World Summit on Sustainable Development, into binary (yes/no) responses to a series of standard queries. At this writing, too few of these country reports are online to test such a process. The CGSDI is aware of an exploratory system analyzing the content of earlier CSD national info. Description of that First Integrating Navigator for Development (Find) is beyond the scope of this exercise but a key finding is relevant here. Since content analysis is systematic it is unlikely to duplicate questionnaire responses from national experts — until the system is known to and validated by those experts. In effect, independent "pump-priming" content analysis and questionnaire exercises must exist and then be harmonized, iteratively.

There does not appear to be a questionnaire making the assessment called for by the CSD Methodology Sheet. A placeholder can be devised, however, for the environment part of the CSD Thematic Framework. The

World Bank's WDI flags which countries have an environmental strategy or plan; country economic profile; and biodiversity assessment, strategy, or plan. The Environmental Sustainability Index indicates of the number of sectoral guidelines for environmental impact assessments a country has. The RioJo Dashboard views these as answers to four yes/no questions and scores countries on a 0 to 4 point scale.

Sources: World Bank, WDI online, ESI via Ciesin.
Time period coverage: Benchmark.
Unit: Number (out of 4 maximum).

International co-operation

<ind=I02> Memberships in environmental intergovernmental organizations

The CSD Methodology Sheet specifies six international conventions and lists sites that could be culled for signatory nations. However, the environmental sustainability index offers an interesting, broader, alternative. Ciesin coded 100 intergovernmental organizations as "environmental" and tabulated the number each country has joined based on the *Yearbook of International Organizations* (in digital form from Monty Marshall, University of Maryland). Some hybrid seems worth considering, giving greater weight to the seven conventions but some weight to other environmental organizations. For now, however, ESI's broader construct is given in the RioJo Dashboard without modification.

Source: Environmental sustainability index 2002 (ESI) via Ciesin.
Time period coverage: Benchmark.
Unit: Memberships in 100 selected organizations.

Institutional capacity

Information access

<ind=I03> Internet subscribers per 1,000 inhabitants

Given the newness of the internet and its explosive growth in recent years, the time periods considered here have been adjusted relative to the conventions used elsewhere in the RioJo Dashboard. In 1990, the internet was used almost entirely by scientists in a few countries. For the present exercise, 1990 refers to the earliest user estimate, up to 1994. For countries that only begin reporting after 1994, internet usage was almost certainly negligible in those early years and is shown as zero. To reflect the dramatic rise in internet usage in many developing countries in the very recent past, ITU data for 2001 are shown as 2000 in this exercise (falling back on 2000 or 1999 data in a few cases).

Source: International Telecommunication Union, *World Telecommunication Development Report,* early years reported via WB Sima.
Time period coverage: Annual 1991-2001.
Unit: Number of hosts per 1,000 inhabitants.

Communication infrastructure

<ind=I04> Main phone lines

Number of telephone exchange mainlines per 1,000 persons. A telephone mainline connects the subscriber's equipment to the switched network and has a dedicated port in the telephone exchange. Note that for most countries, main lines also include public payphones.

Source: International Telecommunication Union, World Telecommunication Development Report, reported via WB SIMA.
Time period coverage: Annual 1975-2001.
Unit: Number of mainlines per 1,000 population.

Science and technology

<ind=I05> Research and development expenditures

Expenditures on any creative, systematic activity undertaken to increase the stock of knowledge (including knowledge of people, culture and society) and the use of this knowledge to devise new applications. Included are fundamental research, applied research, and experimental development work leading to new devices, products, or processes. Total expenditures for R&D comprise current expenditure, including overhead, and capital expenditure.

Sources: Unesco UIS; World Bank Sima and WDI online.
Time period coverage: Annual 1981-97.
Unit: Percent of GNP.

Natural disaster preparedness & response

The CSD Methodology Sheet specifies indicators of "the number of persons deceased, missing, and/or injured as a direct result of a natural disaster;

and the amount of economic and infrastructure losses incurred as a direct result of the natural disaster".

It thus implies two separate indicators and monitoring a subset of disasters. It excludes events related to technology (chemical spills, transport accidents, etc.), famine, and conflict. The kind of data available for natural disasters are also available for such human-induced disasters, suggesting a broader set of disaster indicators. As this would extend the RioJo Dashboard beyond the CSD Thematic Framework, it is not attempted here. However, data sources and methods were chosen with an eye on the broader set.

It should also be noted that the sheet focuses on problem identification although the header in the CSD Thematic Framework concerns problem solving (preparedness for and response to natural disasters). Hence, before describing data sources and methods for the specified indicators, it seems appropriate to note prospects for response and preparedness indicators.

The best data source for the specified indicators, EM-DAT, flags events that triggered responses from one of its two main sponsors, US OFDA (Office of Foreign Disaster Assistance) and hints (by flagging its own data sources) at other responses. Annual reports for OFDA in turn quantify US government funding as a response to each declared disaster (whether from OFDA or other US programs). In most cases, other sources reporting to EM-DAT also specify funding by event or recipient country, annually. In principle these are consolidated by UN OCHA (UN Office for the Coordination of Humanitarian Affairs) and detailed in ReliefNet's FTS (Financial Tracking System).

UN OCHA also identifies staff dealing with preparedness as well as response, country by country. By citing a link to a major reinsurance company (Munich Re Group), the CSD Methodology Sheet also hints at the potential role of such information both as an indicator of preparedness and response and that donor responses as well as recipient preparedness will vary depending on how insurable risks of a disaster are — and whether recipients availed themselves of insurance options.

EM-DAT data are averaged to cover the same time periods as other RioJo indicators, meaning 1990 reports an annual average for 1988-92 while 2000 averages reports for 1998-2001. This means overlooking significant events in the intervening period (1993-97) but that is true for all indicators. Disasters are so erratic that the limitations of five-year averages are simply more apparent. While longer-term analysis is beyond this dashboard, it uses pop-up notes to flag major natural disasters in quinquennia just before those reported.

<ind=I06>Human costs of natural disasters

The first indicator specified in the CSD Methodology Sheet is number of persons deceased, missing, and/or injured as a direct result of a natural disaster. However, the sheet also specifies "number of fatalities" as unit of measurement, which suggests excluding even the injured. On the other hand, natural disasters disrupt life in entire human settlements, not just for those killed or injured. EM-DAT recognizes this by reporting number of people left homeless and otherwise affected, as well as number killed and injured.

Problems arise in combining numbers that reflect such different human costs. Simple summation would be like adding number of people suffering from various ailments, as if pneumonia and cancer had similar effects on quality of life. Health analysts solve their summation problem by weighting number of sufferers by estimated shortening of life and time in diminished capacity with each disease. As discussed above, the sum of those weighted numbers is then recast to show how disease, overall, shortens life expectancy.

The RioJo Dashboard uses a similar but cruder approach to gauging human costs of natural disasters. Each death is assumed to cost 40 years of life, or about the difference between life expectancy and average age of the population, for most countries. Even more arbitrarily, the injured are presumed to lose a year, the homeless six months, and those otherwise affected three months of normal life. After multiplication by these weights, EM-DAT numbers were summed and expressed as a percent of national population.

Expressing results in terms of how disasters shorten life expectancy would strengthen the analogy to WHO's innovative work on indicators. This is not done in the RioJo Dashboard because "weights" have not been reviewed by disaster experts, let alone by disaster and health experts collectively. If it were done, these weights and country-specific information on life expectancy and average age of population suggest human costs of natural disasters would be measured in days or hours compared to years for disease.

Sources: EM-DAT; Université Catholique de Louvain (Brussels, Belgium) for WHO Collaborating Centre for Research on the Epidemiology of Disasters (Cred); US (OFDA).

Time period coverage: Specific dates 1900-2001.
Unit: Percent of population.

<ind=107> Economic cost of natural disasters

Conceptually, EM-DAT reports on economic damages (in US dollars) can be summed across events and expressed as a percent of GNP — as they have been for the RioJo Dashboard. However, the result is highly tentative: there is no standard methodology for assessment and it is only attempted in about a quarter of natural disaster reports.

It should be noted that disasters damage a nation's stock of economically valuable assets, or national wealth, which is some multiple of what the assets produce annually, or GNP. It is therefore possible for economic dam-

ages to approach or even exceed GNP, as the RioJo Dashboard reports in several cases (Mongolia's wildfires of 1996; cyclones in Samoa in 1989/90 and American Samoa in 1990/91; hurricanes in Montserrat in 1989 and Saint Lucia in 1988). Damage assessment covers two forms of wealth: produced assets (infrastructure, machinery, etc.) and natural capital (forests, cropland, etc.). Studies of the value of produced assets put it at 2-5 times GNP for most countries.
Source: EM-DAT; Université Catholique de Louvain (Brussels, Belgium) for WHO Collaborating Centre for Research on the Epidemiology of Disasters (Cred); US (OFDA).
Time period coverage: Specific dates 1900-2001.
Unit: Percent of GNP.

Monitoring sustainable development

<ind=I08> Indicators in CSD Thematic Framework

This "self-referencing" indicator is not part of the CSD Thematic Framework. It is a simple count on the number of indicators in the RioJo Dashboard for each reference period. Given the carry-forward logic used in this exercise, it suggests global progress between 1990 and 2000 in quantitative work on sustainable development. It overstates the case by assuming "stale" reports reflect conditions about 2000 even if indicators appear to be defunct (access to health care) or based on "benchmark" studies with no clear mechanism for global reporting (secondary schooling, items from Gems Air and Water, deserts and arid lands, direct material input, and nuclear waste).
Source: Excel spreadsheet powering RioJo Dashboard.
Time period coverage: 1990, 2000.
Unit: Number out of 60 possible.

Anexo D

Barometer of sustainability: índices e indicadores*

Summary of combining procedures used in The wellbeing of nations

Sustainability is measured by the wellbeing index (WI) and the wellbeing/stress index (WSI).

The wellbeing index is a graphic index shown on the barometer of sustainability as the intersection of the human wellbeing index (HWI) and the ecosystem wellbeing index (EWI).

The wellbeing/stress index measures the ratio of the human wellbeing to ecosystem stress. It is obtained by subtracting the EWI from 100 to provide an ecosystem stress index (ESI) and dividing the HWI by the ESI.

In the *Wellbeing of nations* the term *index* (plural *indices*) is reserved for system, subsystem, dimension, and element scores. Scores of subelements and indicators are called simply scores. Procedures used to combine indices and scores are summarized in the text bellow by subsystem and dimension.

Human wellbeing index

The HWI is the unweighted average of five dimension indices:

▼ health and population;
▼ wealth;
▼ knowledge and culture;
▼ community;
▼ equity.

---

* Fonte: Prescolt-Allen, 2001.

Equity is included only if it lowers the HWI.

Health and population

The health and population index is the lower of two indices: a health index and a population index. The health index consists of a single indicator: healthy life expectancy at birth. The population index consists of a single indicator: total fertility rate.

Wealth.

The wealth index is the unweighted average of two element indices: a household wealth index and a national wealth index.

The household wealth index is the average of two unweighted subelements:

- ▼ needs, the lower score of two indicators — food sufficiency, represented by the percentage of the population with insufficient food, prevalence of stunting (low height for age) in children under five years, or prevalence of low weight for age in children under five, whichever gives the lowest score (or, if these are not available, the percentage of babies with low birth weight); and basic services, represented by the percentage of the population with safer water or the percentage of the population with basic sanitation, whichever gives the lowest score;
- ▼ income, represented by gross domestic product (GDP) per person.

The national wealth index is the average of three weighted subelements [weight in brackets]:

- ▼ size of economy [2], represented by the GDP per person;
- ▼ inflation and unemployment [1], represented by the annual inflation rate or the annual unemployment rate (for the same period) whichever gives the lower score;
- ▼ debt [1], represented by an external debt indicator (debt service as a percentage of exports, debt service as a percentage of GNP, or ratio of short-term debt to international reserves, whichever gives the lowest score) or a public debt indicator (the weighted average of general government gross financial liabilities as a percentage of GDP [2] and annual central government deficit or surplus as a percentage of GDP [1] whichever gives the lower score).

Knowledge and culture

Because of inadequate information on culture, this dimension is limited to a knowledge element. The knowledge index is the average of two weighted subelements [weights in brackets]: education [2] and communication [1].

Education is the average of two unweighted indicators:

- primary and secondary school enrollment, the unweighted average of the net primary school enrollment rate and the net secondary school enrollment rate;
- tertiary school enrollment per 10,000 population.

Communication is the average of two unweighted indicators:

- a telephone indicator, the lower score of main telephones lines + cellular phone subscribers per 100 persons and faults per 100 main telephone lines per year;
- internet users per 10,000 population.

Community

The community index is the lower of two element indices: a freedom and governance index and a peace and order index.

The freedom a governance index is the average of four unweighted indicators:

- a political rights rating;
- a civil liberties rating;
- a press freedom rating;
- a corruption perception index.

The peace and order index is the average of two unweighted subelements:

- peace, represented by deaths from armed conflicts per year or military expenditure as a percentage of GDP, whichever gives a lower score;
- crime, represented by the unweighted average of the homicides rate and other violent crimes (the unweighted average of the rape rate, robbery rate, and assault rate).

Equity

The equity index is the unweighted average of two element indices: a household equity index and a gender equity index.

The household equity index consists of a single indicator: the ratio of the income share of the richest fifth of the population to that of the poorest fifth.

The gender equity index is the average of three unweighted subelements:

- gender and wealth, represented by the ratio of male income to female income;
- gender and knowledge, represented by the average difference between male and female school enrollment rates;
- gender and community, represented by women's share of seats in parliament.

Ecosystem wellbeing index

The EWI is the unweighted average of five dimension indices:

- land;
- water;
- air;
- species and genes;
- resource use;

Resource use is included only if it lowers the EWI.

Land

The land index is the lower of two element indices: a land diversity index and a land quality index.

The land diversity index is the average of two weighted subelements [weights in brackets]:

- land modification and conversion [2], represented by the unweighted average of converted land as a percentage of total land, natural land as a percentage of total land, and a percentage change in native forest area;

- land protection [1], represented by area as a percentage of land and inland water area (weighted according to degree of protection, size of the protected areas, and how much ecosystem diversity is protected).

The land quality index consists of a single indicator: degraded land as a percentage of cultivated + modified land, weighted according to severity of degradation [weights in brackets]: light [0.5], moderate [1.0], strong [1.5], extreme [2.0].

Water

Because of inadequate information on the sea, this dimension is limited to an inland waters element. The inland waters index is the lowest of three subelements:

- inland water diversity, represented by river conversion by dams, measured by dam capacity as a percentage of total water supply or, if that is not available, river flow dammed for hydropower as a percentage of dammable flow;
- inland water quality, the unweighted average score of drainage basins in each country, each basin score being the lowest score of six indicators (oxygen balance, nutrients, acidifications, suspended solids, microbial pollution, and arsenic and heavy metals);
- water withdrawal, represented by water withdrawal as a percentage of internal renewable supply.

Air

The air index is the lower of two element indices: a global atmosphere index and a local air quality index.
The global atmosphere index is the lower score of two indicators:

- greenhouse gases, represented by carbon dioxide emissions per person;
- use (consumption or production, whichever is greater) of ozone depleting substances per person.

The local air quality index is the unweighted average of city scores in each country, each city score being the lowest score of six indicators: sulfur dioxide, nitrogen dioxide, ground-level ozone, carbon monoxide, particulates, and lead.

Species and genes

The species and genes index is the weighted average [weights in brackets] of two element indices: wild diversity index [2] and a domesticated diversity index [1].

The wild diversity index is the average of two unweighted subelements:

- wild plants species, represented by threatened plant species in a group as a percentage of total plant species in that group, taking the average percentage of three groups — flowering plants, gymnosperms (conifers, cycads, and gnetophytes), and ferns and allies;

- wild animal species, represented by threatened animal species in a group as a percentage of total animal species in that group, taking the average percentage of either two groups (mammals and birds) or four groups (mammals, birds, reptiles, and amphibians), whichever gives the lowest score.

The domesticated diversity index is the average of two unweighted indicators:

- number of not-at-risk breeds of a species per million heads of the species, taking the average of the most numerous livestock species and the two next most numerous or best-assessed livestock species.

- ratio of threatened breeds of species to not-at-risk breeds of that species, taking the average of the most numerous livestock species ant the two next most numerous or best-assessed livestock species.

Resource use

The resource use index is the unweighted average of two element indices: an energy and materials index and a resource sectors index.

The energy and materials index covers only energy because of inadequate information on material flows. It is the lower score of two indicators: energy consumption per hectare of total area and energy consumption per person.

The resource sectors index is the unweighted average of three subelements: agriculture, fisheries, and timber.

Agriculture is the lower score of two unweighted indicators:

- agriculture productivity, the unweighted average score of tons of food crops produced per harvested hectare and tons of fertilizer used per 1,000 harvested hectares;

- agricultural self-reliance, represented by food production as a percentage of supply.

Fisheries is the lower score of two unweighted indicators:

- fishing pressure, the unweighted average score of depleted species + overexploited species as a percentage of assessed species, tons of fishing capacity per square kilometer of continental shelf (or inland waters in the case of freshwater fisheries), and tons of catch per tons of fishing capacity;
- fish and seafood self-reliance, represented by fish and seafood production as a percentage of supply.

Timber is represented by a single indicator: fellings + imports as a percentage of net annual increment or, if that is not available, production + imports as a percentage of volume.

Este livro foi impresso nas oficinas gráficas da Editora Vozes Ltda.,
Rua Frei Luís, 100 – Petrópolis, RJ.